INTERESTING CLASSROOM

青少年美育趣味课堂

Aesthetic Education
Interesting Classroom

XMind思维导图制作

黄德恭 编著

人民邮电出版社

北 京

图书在版编目（CIP）数据

XMind思维导图制作 / 黄德恭编著. -- 北京：人民
邮电出版社，2022.4
（青少年美育趣味课堂）
ISBN 978-7-115-58114-3

Ⅰ. ①X… Ⅱ. ①黄… Ⅲ. ①可视化软件－青少年读
物 Ⅳ. ①TP31-49

中国版本图书馆CIP数据核字(2021)第247893号

内 容 提 要

在教育格局大发展的背景下，社会、学校和家长对于青少年的美育教育和艺术培养重新提高了一个新的认知，提高孩子对美的感知，对其情商、心态的塑造都会有十分重要的积极影响。为了满足学生的个性化需求，学校都在积极地开展丰富多彩的科普、文体、艺术、劳动、阅读、兴趣小组及社团活动，以此促进学生的全面健康成长。为此我们策划了一套提升青少年素养的美育系列图书，大部分图书都规划为16堂课的形式，方便老师安排课堂内容。

本书是针对素质拓展而量身定制的一本思维导图软件教程。本书从思维导图软件XMind入手，通过4课的内容带领大家熟悉软件的界面和主要功能；第5课至第16课，为软件的基础应用场景举例，涉及学习规划、时间规划、垃圾分类、人物关系梳理、旅游规划、课堂笔记整理、实验笔记整理、阶段学习成果展示、写作思维梳理、生活习惯养成及学科知识点的总结，通过学生们真实的案例制作，教会大家学以致用的技能。

本书语言简明易懂，讲解步骤清晰易学，适合作为美育系列课程的教材，也适合作为美术爱好者的学习教程。

◆ 编　　著　黄德恭
　　责任编辑　王　铁
　　责任印制　周昇亮

◆ 人民邮电出版社出版发行　　北京市丰台区成寿寺路 11 号
　　邮编 100164　　电子邮件 315@ptpress.com.cn
　　网址 https://www.ptpress.com.cn
　　天津市豪迈印务有限公司印刷

◆ 开本：787×1092　1/16
　　印张：6　　　　　　　　　　2022 年 4 月第 1 版
　　字数：154 千字　　　　　　　2022 年 4 月天津第 1 次印刷

定价：49.90 元

前言

2020年，中共中央办公厅、国务院办公厅发布的《关于全面加强和改进新时代学校美育工作的意见》明确指出："弘扬中华美育精神，以美育人、以美化人、以美培元，把美育纳入各级各类学校人才培养全过程，贯穿学校教育各学段"。2021年，中共中央办公厅、国务院办公厅发布的《关于进一步减轻义务教育阶段学生作业负担和校外培训负担的意见》明确指出，要"全面贯彻党的教育方针，落实立德树人根本任务""坚持学生为本、回应关切""构建教育良好生态""促进学生全面发展、健康成长"。

青少年的健康成长需要家庭、学校、社会的共同努力，孩子们也需要有独立处理事情、钻研兴趣爱好、积极思考和认知世界、选择人生方向的机会、时间和空间。随着新时代学校美育迈上新台阶和"双减"工作深入推进，学校对个性化、多样化美育课程的需求不断增强，但实际面临的问题是，一方面家长和学生缺少优秀的学习内容，另一方面老师也缺少优质的教案和教学内容。为此，我们组织了长期从事青少年美育教育的一线教师，策划编写了"青少年美育趣味课堂"系列图书，以青少年感兴趣的主题，如创意美术、手工、国画、书法、音乐、思维导图、PPT制作等为主要编写内容，希望通过学习，培养学生观察能力、主动思考能力、动手能力和创新能力，在亲自动手实践过程中激发艺术兴趣、陶冶艺术情操、提升审美素养、助力全面发展和健康成长。

本系列图书主要有以下三个特点。

一、内容优选，符合青少年美育学习需要

本系列图书在题材选择上，都是青少年感兴趣或者有助于拓宽视野的内容，比如传统文化中的国画绘画、软笔书法，创意绘画中名画的欣赏与应用，耳熟能详的古典音乐乐曲，大家都爱画的漫画，想提升绘画基础的传统素描，等等。在案例难易程度设置上，采用循序渐进的原则，让实践过程有参与感，也有创作的收获感。

二、课时安排合理，充分考虑学习时间

本系列图书大部分按照16课时进行安排，每课时的时间基本上是40分钟。书中所有课例均来自真实教学案例，学生能够在这个时间内完成相关操作或练习。同时每节课后也留有思考和自学的题目，感兴趣的同学可以根据自己的安排进行扩展学习。

三、立体化学习体验，让学习可随时展开

本系列图书案例图文步骤清晰，大部分图书附赠了教学视频，如果有课堂上没有理解透彻的内容，可以通过二维码扫描观看教学视频。

观看方式一：扫描封底二维码，在线观看。
观看方式二：直接访问优枢学堂（www.ushu.com），搜索书名之后在线观看。

"青少年美育趣味课堂"系列图书编委会

第 1 课　你的思维和思维导图

课堂导入

　　什么是思维？上课时，老师循序渐进的讲课方式就是思维的体现，同学们顺着老师的讲解思路能学到很多知识。每一堂课都会有一个中心思想，然后顺着中心思想延伸出很多很多的知识点。

　　我们将这样的思考方式画在纸上，就会得到一张简单的思维导图。可以说，思维导图是由线条、知识点、图像集结而成的，它能帮助我们形象地提高学习和记忆效率。

　　思维导图包含六要素，分别是中心主题、线条、关键词、图像、颜色和结构，如图 1-1 所示。

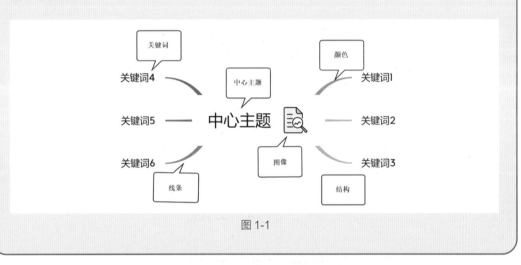

图 1-1

本课重点

● 理解什么是思维导图

● 掌握思维导图绘制的六要素

建议学习时间
30 分钟

本课内容

难度系数 ★ ★

　　本课我们来了解一下思维导图所包含的六要素是指哪些方面的内容。

　　中心主题：中心主题是整个思维导图的核心，顺着中心主题可以延伸出很多知识点，因此我们在阅读思维导图时，要从中心主题开始。所以我们应该把中心主题放在最显眼的位置，还可以在中心主题词的下方衬托一些图片，这样便于直接理解和加深印象，如图 1-2 所示。

5

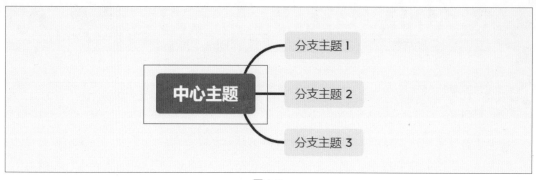

图 1-2

结构：好的结构能够清晰地体现出一个人的思考逻辑，并且能提高整个思维导图的可读性，因此结构是思维导图的骨干。在 XMind 软件中，提供了多种可以进行思维发散和思维整理的结构样式，读者可以根据自己的思维逻辑选择合适的表达样式。图 1-3 所示为"思维导图"，图 1-4 所示为"逻辑图"，图 1-5 所示为"组织结构图"。

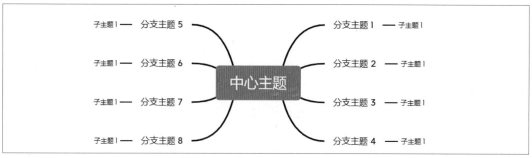

图 1-3

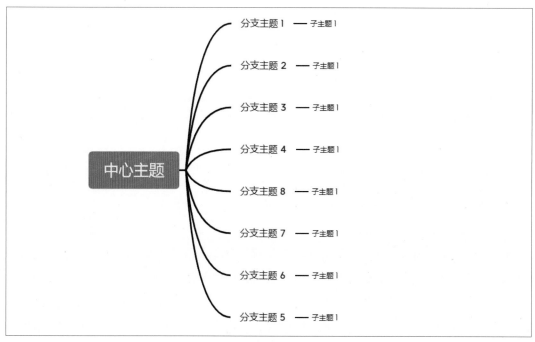

图 1-4

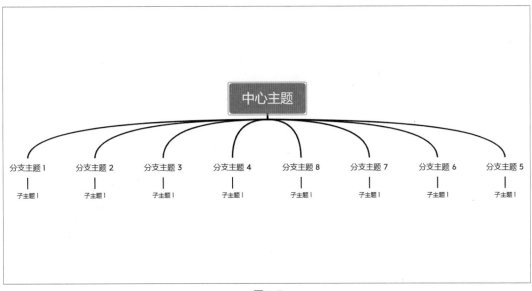

图 1-5

关键词： 关键词被称为是信息提取时的搜索引擎，它是一段话中最具概括性和总结性的内容。那么提炼关键词的原则是什么呢？关键词的选择一般是以名词或动词为主，辅以必要的修饰词，如图 1-6 所示。名词或动词不仅是构成意思表达的基本元素，而且还是强烈可视化的词语，它能够强化我们对内容的理解和记忆。

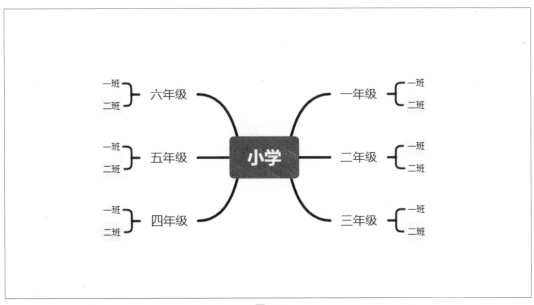

图 1-6

线条： 一棵树由很多树叶和枝干组成，我们可以把树叶当成思维导图中的各种知识点信息，而枝干相当于思维导图的线条脉络。如何让思维导图看起来繁而不杂呢？此时，线条的走向很关键。我们把线条理解为，在思维导图中引导思维脉络和呈现每个知识的逻辑关系。XMind 中的线条在梳理复杂的脉络时，可以灵活改变长度，调整每个知识点的间距，这样就可以不必再为线条杂乱而烦恼了，如图 1-7 所示。

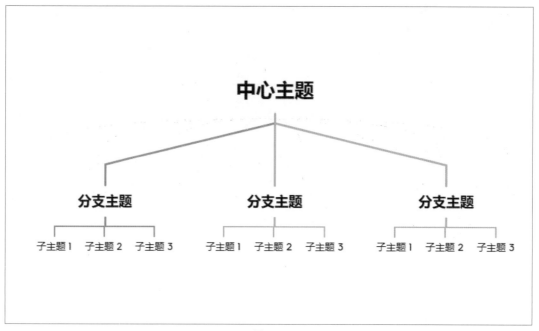

图 1-7

颜色：丰富的色彩可以区分不同的主题和信息，合理的配色还可以让整个思维导图更清晰美观。XMind 有很强的色彩美化功能，直接使用模板就能做出高颜值的思维导图，如图 1-8 所示。

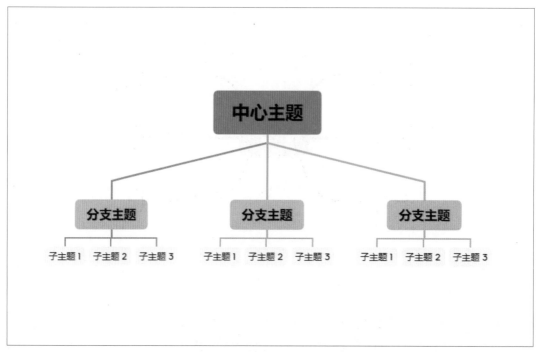

图 1-8

图像：一张形象生动的图片能够带来更强的视觉冲击力，因此合理使用图像可以丰富思维导图的呈现效果，如图 1-9 所示。

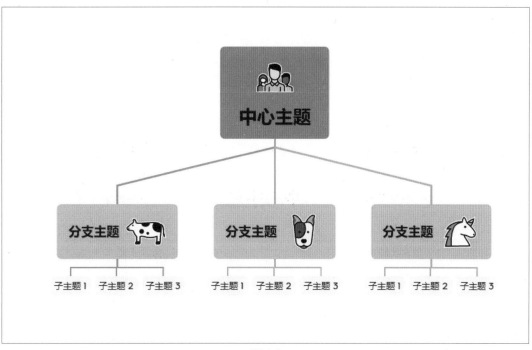

图 1-9

🔧 知识拓展

　　从中心主题延伸出来的分支主题和子主题，它们分别对应一级、二级、三级的标题。主分支线与中心主题连接的地方，线条较粗，然后逐渐变细。除主分支线有粗细之分外，其他的分支线可以保持一样的粗细，如图 1-10 所示。

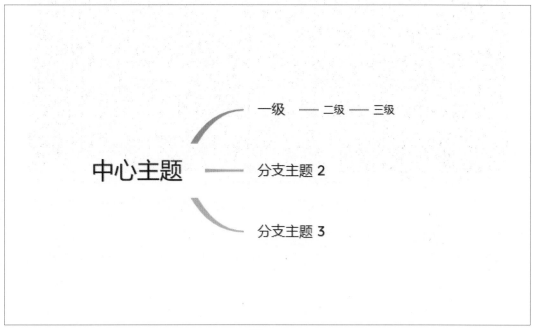

图 1-10

在绘制思维导图时应该规划好分支主题，不要一开始就画很多分支线，这样才不会造成分支的内容多而预留的空间小，如图 1-11 所示。

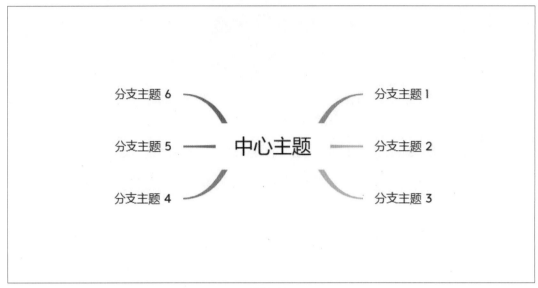

图 1-11

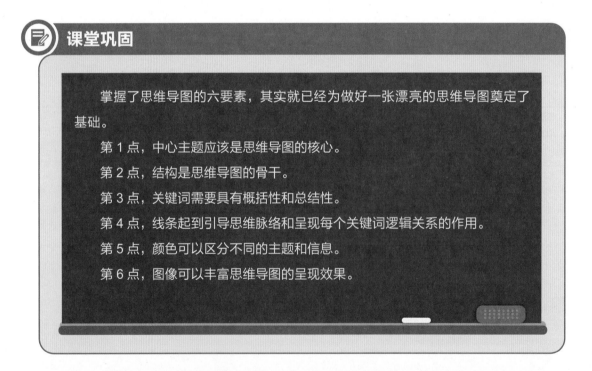

课堂巩固

掌握了思维导图的六要素，其实就已经为做好一张漂亮的思维导图奠定了基础。

第 1 点，中心主题应该是思维导图的核心。

第 2 点，结构是思维导图的骨干。

第 3 点，关键词需要具有概括性和总结性。

第 4 点，线条起到引导思维脉络和呈现每个关键词逻辑关系的作用。

第 5 点，颜色可以区分不同的主题和信息。

第 6 点，图像可以丰富思维导图的呈现效果。

课后练习

建议完成时间：10 分钟

根据思维导图的六要素，尝试简单绘制以"六要素"为中心主题，以"中心主题、结构、关键词、线条、颜色、图像"为关键词的思维导图。

第 2 课 XMind界面分布

课堂导入

在绘制思维导图时总有这样的困扰，每次在纸上绘制完成后，想要在中心主题上增加另一个重要分支时是非常困难的，而 XMind 软件完全可以解决这样的难题。XMind 是一款实用、易用、高效的思维导图软件。通过 XMind 可以进行思维管理，可以绘制思维导图、鱼骨图、二维图、树形图、逻辑图、组织架构图等。它简洁的界面分布下蕴含着强大的思维导图制作功能，下面我们一起来了解这款软件。

本课重点

- 认识 XMind 软件界面
- 掌握 XMind 软件的基本功能

建议学习时间
45 分钟

本课内容

难度系数 ★★★

我们首先需要到官方网站下载并安装该软件才能使用。在浏览器中打开 XMind 官方网站，如图 2-1 所示，单击"免费下载"按钮就可以下载试用版，试用版和正式版的功能无任何区别，当然大家也可以单击"立即购买"按钮直接付费购买正式版。下载完成后，在文件夹中找到 XMind 的安装文件 XMind-for-Windows...，用鼠标左键双击即可打开并进行软件安装。

图 2-1

安装完成后，XMind 软件会在电脑桌面生成一个快速启动图标 ，用鼠标左键双击该图标即可打开 XMind，如图 2-2 所示。为便于讲解，我们对每个区域进行了编号。

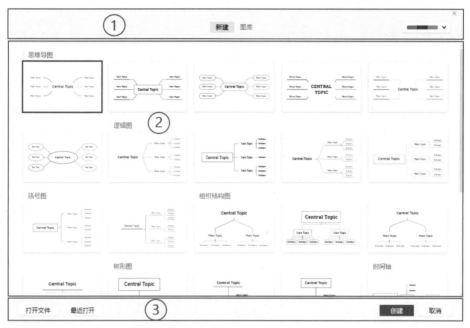

图 2-2

区域①

新建： 其下方会展示各式思维导图结构。

图库： 展示 XMind 中已经做好的思维导图项目，可作为参考，选择其中一个项目，单击"打开"按钮即可查看，如图 2-3 所示。

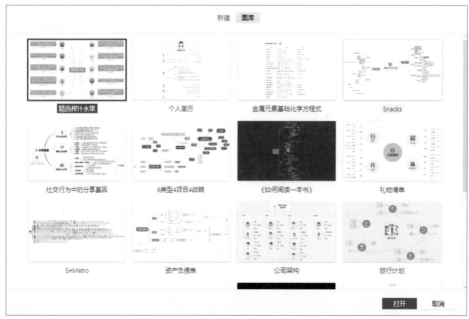

图 2-3

选择颜色下拉列表框：
用鼠标左键单击右上角的下
拉按钮，可以选择思维导图
的配色方案，如图 2-4 所示。

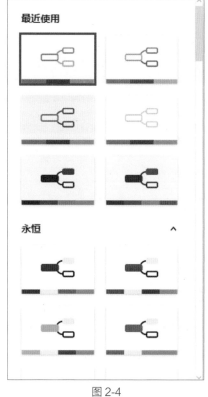

图 2-4

区域②

此区域可以选择适合的思维导图类型，如图 2-5 所示，包含"思维导图""逻辑图""括
号图""组织结构图""树形图""时间轴""鱼骨图""树形表格""矩阵图"等。

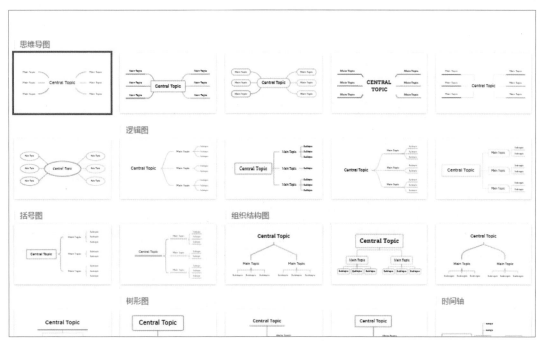

图 2-5

13

区域③

打开文件：可以打开之前保存的思维导图文件。

最近打开：可以打开最近制作并保存的思维导图文件。

创建：选择一个思维导图类型后，单击该按钮可以新建一个思维导图。

取消：单击该按钮可以关闭 XMind 软件。

随意选择一个思维导图类型，单击"创建"按钮 创建，则可以进入到 XMind 设计创作界面，如图 2-6 所示。同样为了便于讲解，我们也给每个区域进行编号。

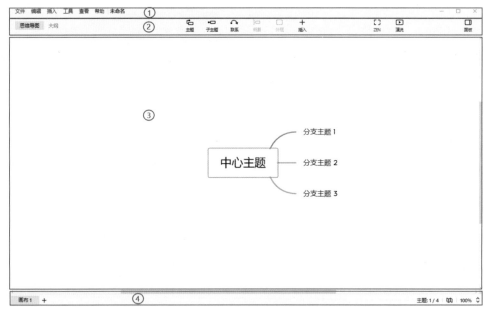

图 2-6

①菜单栏

菜单栏中包含六组菜单，分别是"文件""编辑""插入""工具""查看""帮助"，单击相应的菜单项，即可展开菜单下的命令。

"文件"菜单包含的子菜单命令和常见的设计软件相似，它提供了"新建""打开""保存""导入""导出""打印"等功能，如图 2-7 所示。

图 2-7

"编辑"菜单下的命令则可以对思维导图进行"撤销""重做""剪切""拷贝""粘贴""复制"等操作，如图 2-8 所示。

"插入"菜单下的命令则可以快速插入"主题""笔记""标签""本地图片"等，如图 2-9 所示。

撤销	Ctrl+Z
重做	
剪切	Ctrl+X
拷贝	Ctrl+C
粘贴	Ctrl+V
复制	Ctrl+D
删除	
删除单个主题	Ctrl+退格
缩进	
减少缩进	
拷贝样式	Alt+Ctrl+C
粘贴样式	Alt+Ctrl+V
重设样式	Alt+Ctrl+0
前往中心主题	Ctrl+R
全选	Ctrl+A
折叠子主题	Ctrl+/
折叠所有子分支	Alt+Ctrl+/
自由主题对齐	▶
查找与替换	Ctrl+F
首选项	Ctrl+Shift+P

图 2-8

子主题	Tab
主题（之后）	Enter
主题（之前）	Shift+Enter
父主题	Ctrl+Enter
自由主题	
标注	
联系	Ctrl+Shift+R
外框	Ctrl+Shift+B
概要	
笔记	Ctrl+Shift+N
标签	Ctrl+Shift+L
链接	▶
附件	
语音备注	
标记	
贴纸	
本地图片	Ctrl+Shift+I
方程	
新画布	Alt+Ctrl+N
从主题新建画布	

图 2-9

"工具"菜单则可以"合并 XMind 文件"和"创建 / 自定义风格"，用于设置思维导图的风格样式，如图 2-10 所示。

"查看"菜单可以自由切换思维导图的界面和大纲界面，它还提供了缩放和各种显示模式，如图 2-11 所示。

"帮助"菜单则提供了一些常用的帮助操作，如"检查更新""快捷键助手"等，如图 2-12 所示。

◉ 思维导图	
○ 大纲	
放大	Ctrl+=
缩小	Ctrl+-
实际大小	Ctrl+0
适应画布	
仅显示该分支	Ctrl+;
ZEN 模式	Alt+Ctrl+F
显示标签页栏	Ctrl+Shift+T
显示格式面板	Ctrl+]
显示图标面板	Ctrl+[
显示导航面板	
工具栏	▶
隐藏画布栏	
显示画布概览	
合并所有窗口	

合并 XMind 文件
创建/自定义风格

图 2-10

图 2-11

登出账号	
支持	
反馈	
检查更新	
快捷键助手	Ctrl+Shift+/
入门	
订阅信息	
关于 XMind	

图 2-12

同学们可以发现，XMind 的菜单栏功能和大部分软件的菜单栏功能相似，有部分功能是 XMind 独有的，但是从字面意思就可以理解该菜单项的作用。

"帮助"菜单中的"快捷键助手"记录了 XMind 中各个功能的快捷键，建议同学们一开始接触 XMind 就使用快捷键进行操作，这样能够提高设计效率。

②工具栏

工具栏中包含有"思维导图""大纲""主题""子主题""联系""概要""外框""插入""ZEN""演说""面板"等 11 种常用工具。

思维导图 思维导图：单击该按钮可以在绘图区创建思维导图项目，如图 2-13 所示。

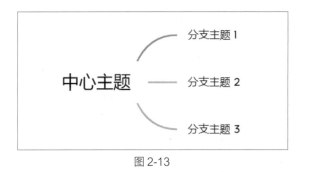

图 2-13

大纲 大纲：在大纲视图中可以显示出目录效果，也可以在大纲中修改主题内容，如图 2-14 所示。

图 2-14

主题 ：在一个中心主题下可以插入多个分支主题，如图 2-15 所示。

图 2-15

子主题 ◦□: 在一个中心主题下可以插入多个分支主题，或在前一个分支主题下延伸插入子主题，如图 2-16 所示。

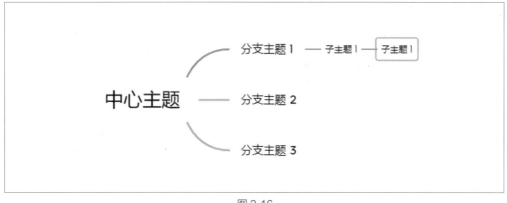

图 2-16

联系 ⌐: 可以让单独的主题之间产生关联，使单独的思维导图产生更加紧密的联系，如图 2-17 所示。

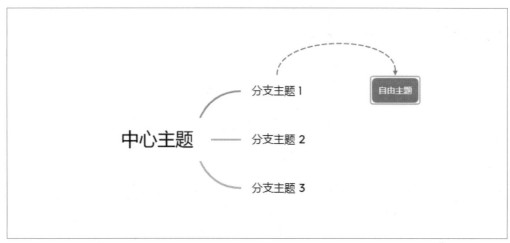

图 2-17

概要]□: 可以总结同一子主题的共同点，如图 2-18 所示。

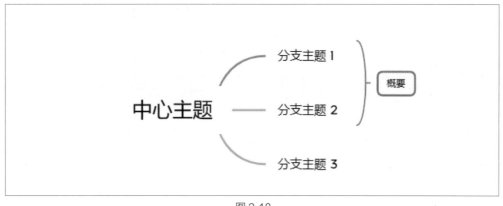

图 2-18

17

外框▢：可以对需要强调的地方进行标注，如图 2-19 所示。

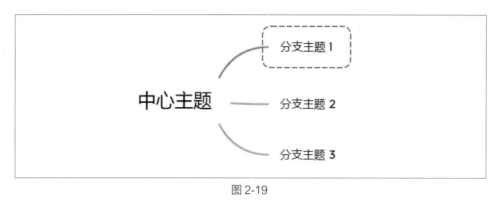

图 2-19

插入＋：该功能和菜单栏中的"插入"菜单类似，可插入笔记、标签、链接、本地图片等，如图 2-20 所示。

图 2-20

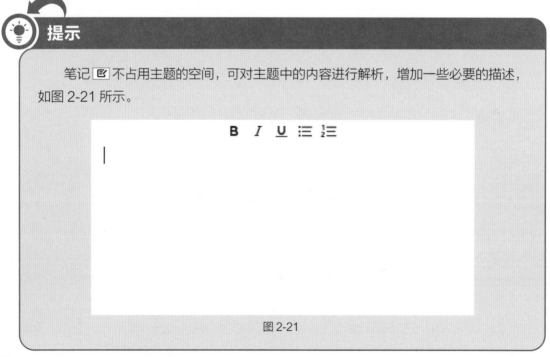

提示

笔记 ▣ 不占用主题的空间，可对主题中的内容进行解析，增加一些必要的描述，如图 2-21 所示。

图 2-21

ZEN <0xE2><0x8C><0x83>：此工具为全屏显示功能，进入 ZEN 模式后的界面如图 2-22 所示，它会占满整个计算机屏幕。

图 2-22

进入全屏模式后，右上方的退出按钮变为退出当前全屏模式按钮。囯图标为快捷键列表图标，单击该图标后的显示如图 2-23 所示。

⊙图标为专注时间计时器图标，单击该图标后可以看到设计思维导图所使用的时间，如图 2-24 所示。

快捷键列表

主题（之后）	Enter
子主题	Tab
联系	Ctrl Shift R
外框	Ctrl Shift B
链接·网页	Ctrl K
笔记	Ctrl Shift N
标签	Ctrl Shift L
本地图片	Ctrl Shift I
放大	Ctrl +
缩小	Ctrl -
实际大小	Ctrl 0
前往中心主题	Ctrl R
自定义快捷键	

图 2-23

今日专注
00:01:28

图 2-24

◑图标可设置黑夜或者白天模式。"ZEN"默认的是白天模式，单击◑图标可以开启黑夜模式，如图 2-25 所示。

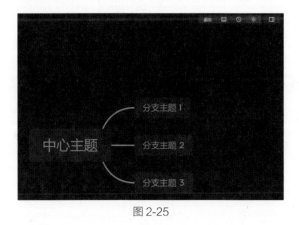

图 2-25

回图标和工具栏中的"面板"是一样的，会在后面的内容中详细讲解。

演说 回：单击该按钮即可进入演说模式，会自动遵循思维导图的主题路径来顺序播放，如图 2-26 所示。

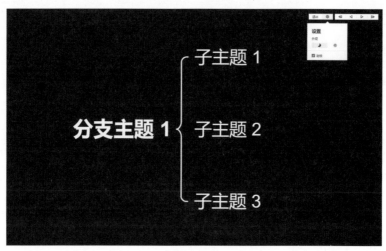

图 2-26

单击演说模式中的"退出"按钮 退出 可以退出当前演说模式。单击"设置"按钮 回 可以自由切换黑夜模式和白天模式，如图 2-27 所示。

图 2-27

开启演说模式时，默认是黑夜模式 回；单击白天模式按钮 回 后，则会切换为白天模式，如图 2-28 所示。

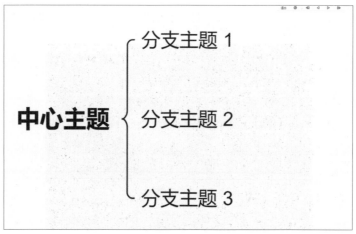

图 2-28

"返回上一级主题"按钮 ◁，单击该按钮后，可返回到上一级分支主题或上一级子主题。

"跳过当前分支主题"按钮 ▷，单击该按钮后，可进入下一个分支主题。

"上一页"按钮 ◁，单击该按钮后，可进入下一个主题。

"下一页"按钮 ▷，单击该按钮后，可返回到上一个主题。

面板 ▢：面板下有四个功能，分别是"样式" ⟳、"画布" ☑、"标记" ☺ 和"贴纸" ⊘。

"样式" ⟳ 的功能很强大，可以修改分支主题的形状，设置主题中的文字样式，修改整个思维导图的结构和分支样式，以及修改思维导图的线条样式，如图 2-29 所示。

"画布" ☑ 主要是修改思维导图的风格，如图 2-30 所示。"骨架"可选择合适的结构，用更符合个体逻辑的方式延展思路；"配色方案"用于选择已经设置好的不同颜色搭配方案，当然，也可以通过"背景颜色"和"彩虹分支"来调整颜色。其他选项大家可以勾选查看效果。

图 2-29

图 2-30

"标记" ☺ 是用于绘制日程规划和课程管理类思维导图，以及对一些时间节点、进度和课程安排进行标记的利器，使用"标记"可以显示任务的优先级和完成程度等，如图 2-31 所示。

"贴纸" ⊘ 能让思维导图更美观、更丰富。XMind 中内置了很多精心设计的贴纸，能满足各种场景的使用需求，如图 2-32 所示。

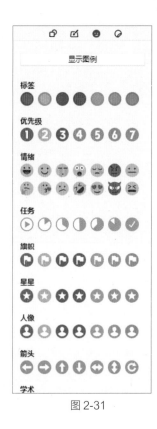

图 2-31

图 2-32

③绘图区

绘图区是设计思维导图的主要区域。插入主题、修改主题样式、修改颜色等一系列操作都会在此区域展示出来，如图 2-33 所示。

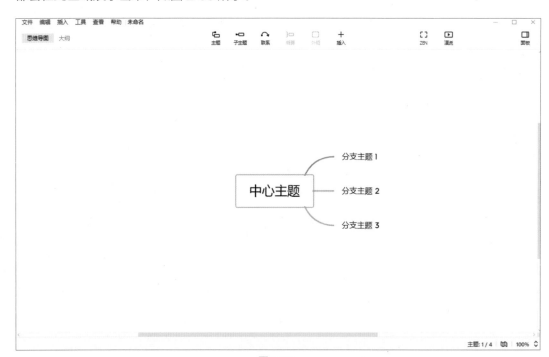

图 2-33

④状态栏

单击主题按钮，可以显示当前主题个数，以及字数和字符数，如图 2-34 所示。

图 2-34

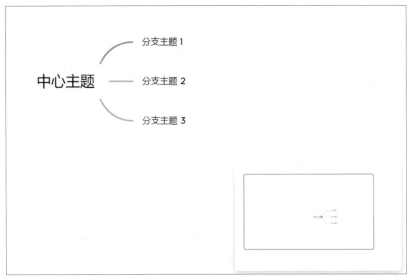 按钮可以浏览绘制的思维导图，默认是关闭的，当需要时单击该按钮即可打开，如图 2-35 所示。

图 2-35

 可以缩放思维导图的大小，如图 2-36 所示。

图 2-36

课堂巩固

　　磨刀不误砍柴工，只有熟悉了 XMind 的界面和菜单功能，才能提高思维导图的设计效率。XMind 的工作界面主要分为四个工作区域。

　　首先是菜单栏，在菜单栏中包含六组菜单，分别是"文件""编辑""插入""工具""查看""帮助"，单击相应的菜单项，即可打开子菜单命令。

　　然后是工具栏，工具栏中包含有"思维导图""大纲""主题""子主题""联系""概要""外框""插入""ZEN""演说""面板"等 11 种常用工具。

　　其次是思维导图的绘图区，它是设计思维导图的主要区域。

　　最后是状态栏，主要是方便查看思维导图。

 课后练习

建议完成时间：15 分钟

　　在 XMind 中建立一个思维导图，使用工具栏添加分支主题，修改分支主题和线条颜色，然后修改整个思维导图的背景颜色。

第3课 XMind主要功能：逻辑设计

课堂导入

逻辑设计是思维导图中至关重要的内容，人的大脑善于处理有规律、有次序的信息，而思维导图则可以帮助我们更加全面地思考和理清逻辑关系。

XMind 中有多种不同的思维导图逻辑结构，设计时可以结合各种纵向的、横向的思维方式，在 XMind 中用不同的逻辑结构图来表达头脑中的复杂想法。

那么在 XMind 中都有哪些逻辑结构图呢？

逻辑图：表达总分关系或分总关系等。

括号图、树形图：分类思想，表达整体和局部的关系。

平衡图：思维导图中最基础的结构，可用来进行发散思维和纵深思考。

时间轴：表示事件发生顺序或者事情的先后逻辑。

组织结构图：可以制作组织的人员构成或金字塔结构。

鱼骨图：能够比较清晰地表达因果关系。

本课重点

- 认识 XMind 中不同的逻辑结构图
- 学会在 XMind 中创建思维导图

建议完成时间

30分钟

本课内容

难度系数 ★ ★ ★

步骤 1 用鼠标左键双击 XMind 软件图标，打开软件，如图 3-1 所示；然后用鼠标左键单击滚动条往下拉或者滚动鼠标滚轮，可以看到其中有很多思维导图的结构类型，如图 3-2 所示。

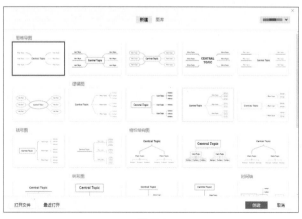

图 3-1

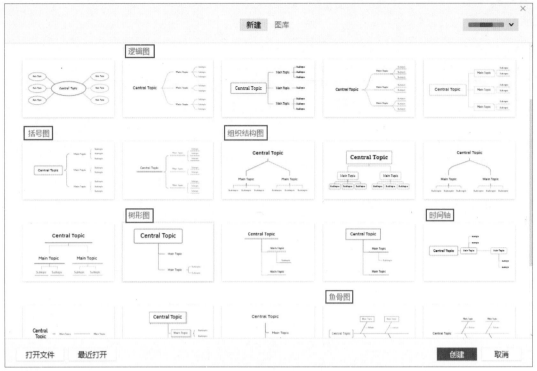

图 3-2

步骤 2 选择括号图结构类型，然后用鼠标左键单击"创建"按钮，进入逻辑图的结构设计界面，如图 3-3 所示。

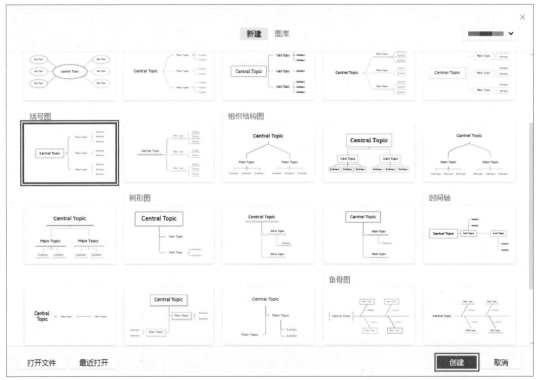

图 3-3

步骤 3 括号图表现出了整体和部分的结构逻辑设计，如图 3-4 所示。

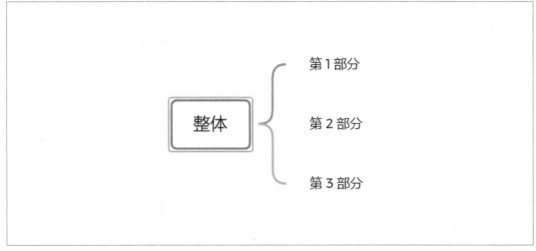

图 3-4

提示

　　大家可以尝试创建其他类型的思维导图，结合前面的讲解理解不同类型思维导图的特点。

课堂巩固

　　XMind 中每个结构表现出来的思维导图都是不一样的。

　　逻辑图讲究的是表达总分关系或分总关系等；括号图、树形图则用于分类思想，表达整体和局部的关系；平衡图可用来发散思维；当事情有一个先后顺序时，最适合用时间轴来表示，它能展示出事件顺序或者事情的先后逻辑；家庭组成人员的结构最适合用组织结构图来表示，它也可以制作组织的人员构成或金字塔结构；鱼骨图，则能比较清晰地表达因果关系。

课后练习

建议完成时间：15 分钟

试着在 XMind 中创建括号图、树形图、时间轴、鱼骨图、组织结构图等。

XMind主要功能：内容输入

本课重点

- 在主题中输入文字
- 使用快捷键
- 设置字体大小、颜色、线条粗细等
- 插入笔记

建议完成时间

30分钟

本课内容

难度系数

　　创建一个思维导图，然后用鼠标左键双击选择"分支主题 1"，分支主题栏会出现蓝色边框，此时就可以在分支主题栏中输入文字了，如图 4-1 所示，这是最基础的文本编辑方法。

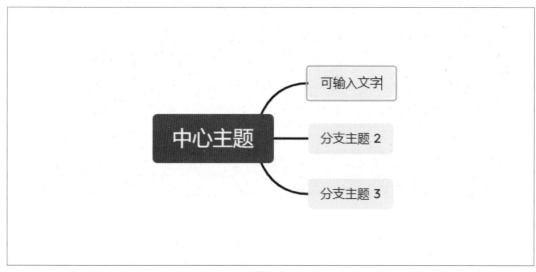

图 4-1

　　当我们需要将一个主题的文字搬运到另一个主题中时，可以使用拷贝粘贴的方法。用鼠标右键单击子主题，在弹出的菜单中选择"拷贝"选项，如图 4-2 所示。

剪切	Ctrl+X
拷贝	Ctrl+C
粘贴	Ctrl+V
复制	Ctrl+D
删除	退格
删除单个主题	Ctrl+退格
拷贝样式	Alt+Ctrl+C
粘贴样式	Alt+Ctrl+V
重设样式	Alt+Ctrl+0
折叠子主题	Ctrl+/
折叠所有子分支	Alt+Ctrl+/
导出分支为	▶
仅显示该分支	Ctrl+;
从主题新建画布	
重设位置	

图 4-2

这时已经拷贝了一个子主题中的文字在剪贴板中，然后用鼠标左键选中另一个子主题中的文字，再单击鼠标右键，从弹出的菜单中选择"粘贴"选项，就可以将一个主题的文字搬运到另一个主题中了，如图 4-3 和图 4-4 所示。

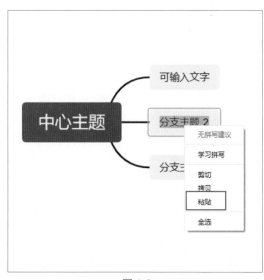

图 4-3

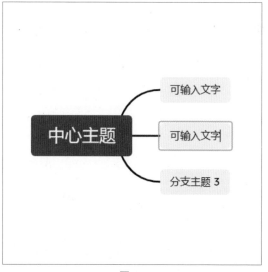

图 4-4

还有一种搬运文字的方法，我们可以使用快捷键进行拷贝粘贴操作，这也是最便捷、最快速的办法。用鼠标左键双击子主题中的文字，将其选中，然后按下组合键 Ctrl+C，即可拷贝想要的文字；然后选中另一个子主题中的文字，按下组合键 Ctrl+V，即可将想要输入的文字拷贝到另一个子主题中，如图 4-5 所示。

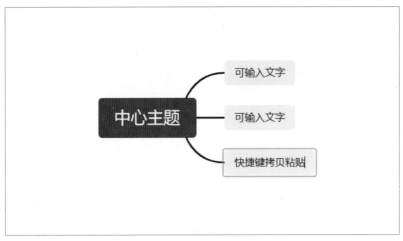

图 4-5

　　输入文字后可以改变字体的大小或者颜色吗？当然可以。用鼠标左键选择需要修改的主题文字，然后单击工具栏中的"面板"按钮，再单击"样式"按钮，即可在 "文本"选区中修改文字的各项属性，如图 4-6 所示。

图 4-6

在"文本"选区的第一行用鼠标左键单击色块 ■■，会弹出色彩面板，选择需要修改的文字颜色即可，如图4-7所示。

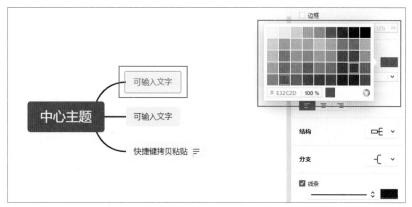

图 4-7

在"文本"选区的第二行 Medium ◇ 18 ∨ 下拉列表中，可修改文字的字体和字号，如图 4-8 所示。

图 4-8

在"文本"选区的第三行 B I S Tr ∨ 下拉列表中和第四行 ≡ ≡ ≡ 下拉列表中，则可以修改字体的粗细、倾斜、文字排列方式等属性，如图4-9所示。

图 4-9

⚙ **知识拓展**

思维导图子主题的空间是有限的，因此不宜输入太多的文字，只需要在子主题中输入关键词或者关键字即可。如果想要输入更多文字，可插入笔记作为关键字的解析。

用鼠标单击子主题，然后在工具栏中单击"插入"按钮 + ，接着在下拉列表框中选择"笔记"选项，如图 4-10 所示，即可为关键字插入解析文字。

在分支主题上会出现一个可以编辑文字的文本框，在其中输入文字，对该分支主题进行说明，如图 4-11 所示。

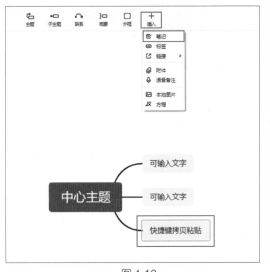

图 4-10

快捷键拷贝粘贴

双击子主题中的文字或者XMind外的文字，同时按下键盘上的Ctrl+C组合键，即可拷贝想要的文字；双击子主题，同时按下键盘上的Ctrl+V组合键，即可将想要输入的文字拷贝到子主题中。

图 4-11

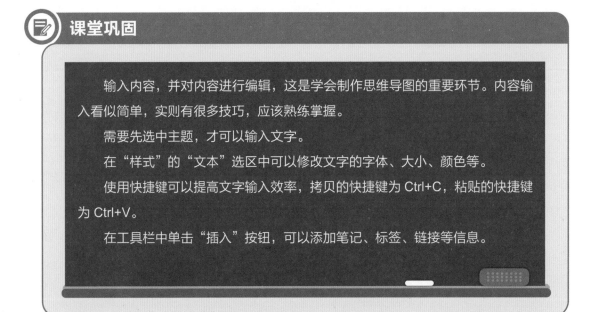

课堂巩固

　　输入内容，并对内容进行编辑，这是学会制作思维导图的重要环节。内容输入看似简单，实则有很多技巧，应该熟练掌握。

　　需要先选中主题，才可以输入文字。

　　在"样式"的"文本"选区中可以修改文字的字体、大小、颜色等。

　　使用快捷键可以提高文字输入效率，拷贝的快捷键为 Ctrl+C，粘贴的快捷键为 Ctrl+V。

　　在工具栏中单击"插入"按钮，可以添加笔记、标签、链接等信息。

课后练习

建议完成时间：10 分钟

　　新建一个思维导图项目，在中心主题中输入"内容输入"，并在此主题中添加笔记；然后在文本框中输入"我已经学会在 XMind 中输入内容啦"。

第 **5** 课　学习规划可以变得很简洁

课堂导入

　　成绩优秀的同学一般计划性都很强，他们每周都有每周的计划，每天都有每天的任务。而且他们还会将规划手绘成思维导图，每天提醒自己应该按时完成计划。接下来就教大家手绘思维导图的方法。

　　我们以周末的学习规划为例，按两天划分，最终效果如图 5-1 所示。

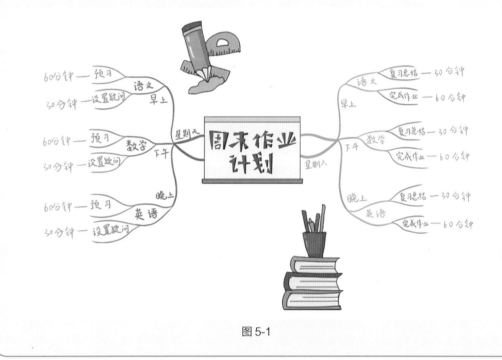

图 5-1

本课重点

- 学会手绘思维导图
- 学会规划自己的学习时间

建议完成时间

30分钟

本课内容

难度系数　★★★★

步骤 **1**　准备一张白纸和彩色笔。将纸张横放在桌子上，用彩色笔在纸张的正中间写上"周末作业规划"的中心主题，如图 5-2 所示。

图 5-2

步骤 2 用不同颜色的彩笔在中心主题的两端将分支主题的主干线画出来，主干线应该和中心主题紧密相连，如图 5-3 所示。

图 5-3

步骤 3 画出分支主题后，分别在分支主题的上方和下方写上"星期天"和"星期六"，如图 5-4 所示。

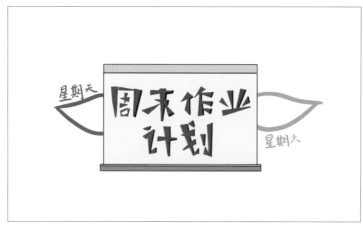

图 5-4

步骤 4 继续在"星期六"的分支主题上延伸当天的时间规划。每天分为三个时间段，分别是"早上""下午"和"晚上"，因此要画 3 条分支线，这里的线条应该比中心主题延伸出来的线条细一些，这样才能明显区分出主次关系，如图 5-5 所示。

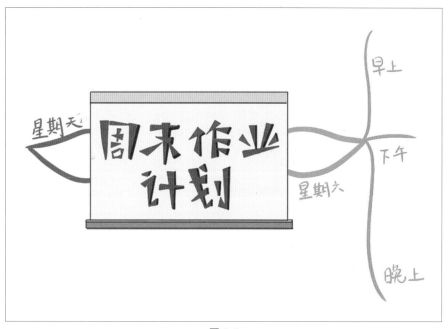

图 5-5

步骤 5 在每条分支线上画子主题，并在子主题上写上"语文""数学"和"英语"，如图 5-6 所示。

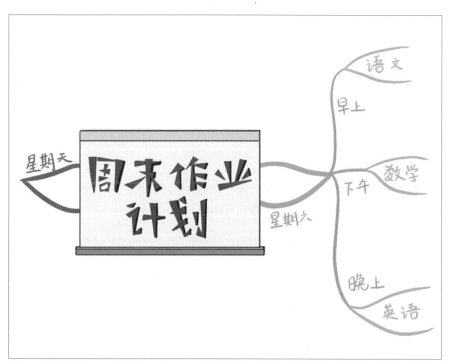

图 5-6

35

步骤 6 在"语文""数学"和"英语"的每个子主题上扩展分支线。在画分支线时要注意整体布局，注意上下宽度，既要保证美观，又要能体现学习规划思路，如图 5-7 所示。

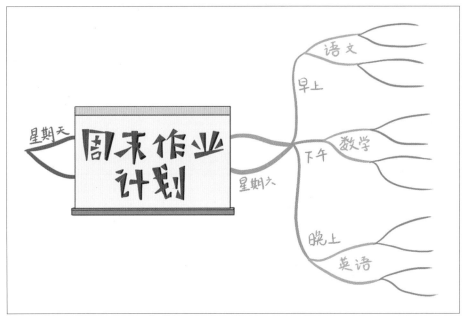

图 5-7

步骤 7 规划好学科后，就可以规划每个学科具体学习的内容了。星期六主要针对一周的学习做出总结，并完成本周的作业，因此需要在每个扩展分支线上输入学习内容。星期天的思维导图绘制方法和星期六一样，星期天的规划内容主要为预习下周的学习内容，如图 5-8 所示。

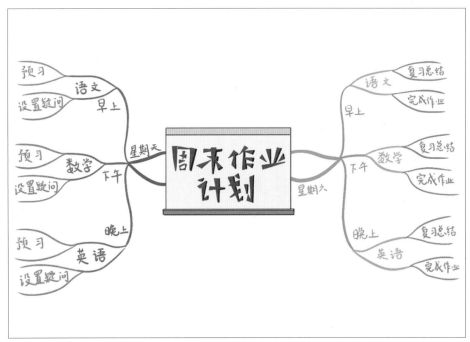

图 5-8

步骤 8 周末的时间不可能都用于学习，但也不能都是玩，因此在每个学科的子主题上设置好时间段，并且严格要求自己按时完成任务，如图 5-9 所示。

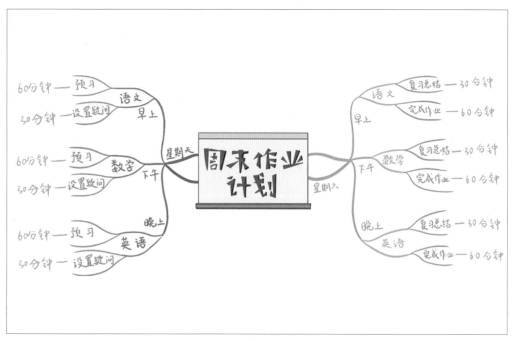

图 5-9

步骤 9 为了使思维导图更加美观，我们可以再画上精美图案或涂上自己喜欢的颜色，也可以在纸张空白处画上装饰图案等，如图 5-10 所示。

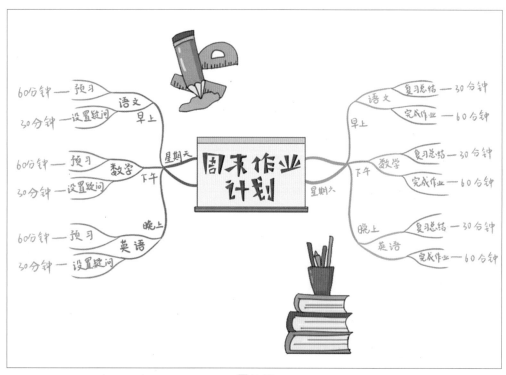

图 5-10

课堂巩固

　　合理规划学习时间，可以提高学习效率，思维导图则可以将规划清晰地呈现出来。手绘思维导图时需要注意以下几点。

　　一、准备白纸、彩色笔。

　　二、从纸张中间开始画起。

　　三、注意分支线和子主题之间的粗细、距离、长度，做到合理布局。

　　四、给整个思维导图涂上颜色，让思维导图更美观。

课后练习

建议完成时间：15 分钟

　　本课我们学习了周末规划的思维导图的绘制方法，那么周一到周五的学习应该如何规划呢？请同学们规划出自己周一到周五的学习安排，并手绘出思维导图。

第6课 做自己的时间小主人

课堂导入

　　时间是什么？奶奶说是白天和黑夜的不断轮回，妈妈说是生命的每一分钟。但是对于我来说，时间是跳跃在我脑海里的每一件事。

　　其实，我们的每一天可以变得很简单，一目了然。大概梳理一下，我们每天所做的事，有相同的，也有不相同的，按照这个简单的概念，我们可以试着这么梳理时间。

　　自由时间：7:00—8:00，11:30—14:00，17:00—22:00

　　上学时间：8:00—11:30，14:00—17:00

　　睡觉时间：22:00—7:00

　　先来看看我一天的时间分配吧，如图6-1所示。

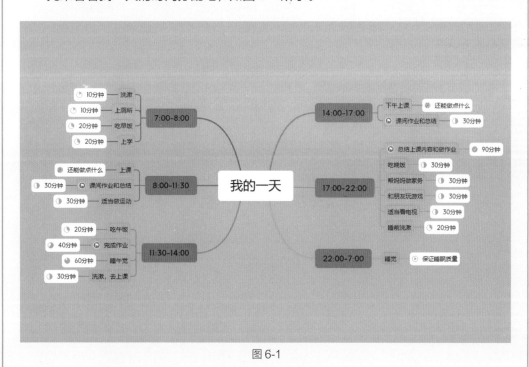

图 6-1

本课重点

- 如何合理地规划自己的一天
- 如何合理地在思维导图中体现自己的一天

建议完成时间

30分钟

本课内容　　　　　　　　　　　　　　　　　难度系数　★ ★ ★

步骤 1 用鼠标左键双击 XMind 软件图标，打开软件，选择合适的思维导图类型，如图 6-2 所示；然后单击"创建"按钮，就得到了初始的思维导图架构，如图 6-3 所示。

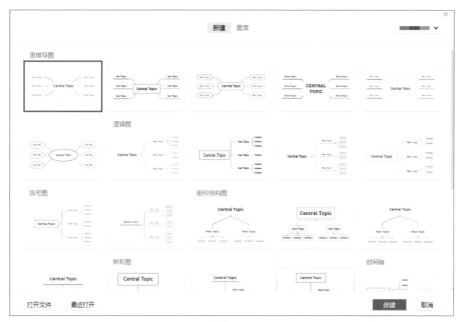

图 6-2

图 6-3

步骤 2 将鼠标指针移至"中心主题"，并双击鼠标左键选中文字（或者按下键盘上的 Space 键选中文字），然后输入"我的一天"，就可以得到想要表达的中心主题啦，如图 6-4 所示。

图 6-4

技巧提示

根据实际情况，可以删除或者增加"分支主题"的数量。

用鼠标选中多余的分支主题，按下键盘上的 Delete 键即可删除，如图 6-5 所示。

图 6-5

用鼠标选中其中一个分支主题，按下键盘上的 Enter 键即可增加主题；也可以单击工具栏中的"主题"图标 来增加主题，如图 6-6 所示。

图 6-6

步骤 3 调整好分支主题数量后，就可以根据前面所讲的方法将分支主题的内容修改为需要的文字，如图 6-7 所示。

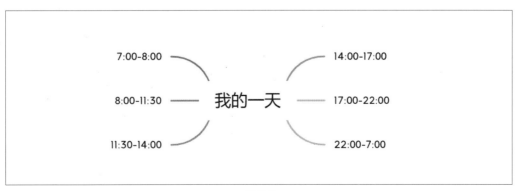

图 6-7

步骤 4 现在已经有了一个基础架构，但还不够详细，还需要对每个时间段要做的事进行规划，这就需要增加子主题。用鼠标选中一个分支主题，然后按下键盘上的 Tab 键，就可以增加更多子主题了（或者单击工具栏中的"子主题"图标 ），如图 6-8 所示。

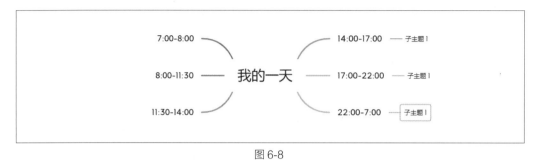

图 6-8

步骤 5 根据前面所讲的方法创建更多子主题并输入需要的内容，如图 6-9 所示。

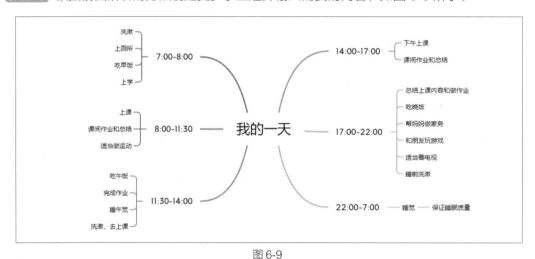

图 6-9

步骤 6 对每天需要做的事情进行了合理的规划，但重要的事情需要多久完成呢？我们根据自身的实际情况，拟定一个时长吧，如图 6-10 所示。

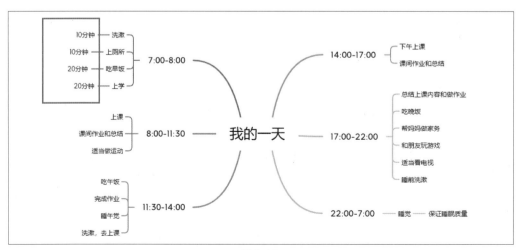

图 6-10

技巧提示

用鼠标选中子主题，然后按下键盘上的 Tab 键，可以增加下一级子主题；也可以选中分支主题，按下键盘上的 Enter 键增加分支主题。同学们可以大胆尝试，如果错了，按下组合键 Ctrl+Z 即可撤销操作。

步骤 7 现在已经对每天需要做的事情进行了详细的规划，最终效果如图 6-11 所示。

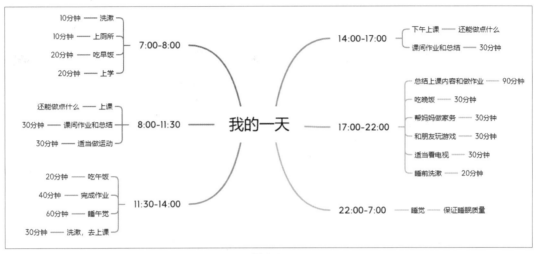

图 6-11

知识拓展

在每天的时间规划中，还可以用颜色对不同板块和层级进行区分，时刻提醒自己要完成每个小目标。

第 1 步，选中需要区分的子主题，单击"面板"图标□，再单击"画布"图标☑，勾选"背景颜色"和"彩虹分支"选项，如图 6-12 所示。

图 6-12

第 2 步，选中需要添加颜色的子主题，会自动切换到"样式"面板，然后单击"填充"选项后的颜色框，在弹出的颜色面板中即可选择需要的颜色，如图 6-13 所示，最终效果如图 6-14 所示。

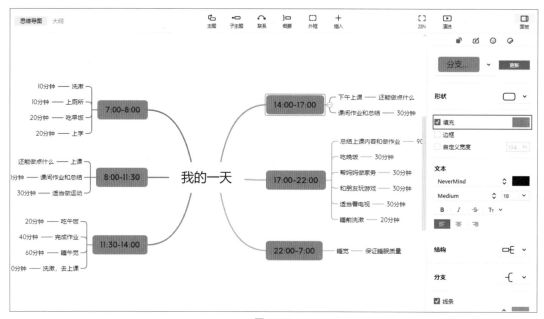

图 6-13

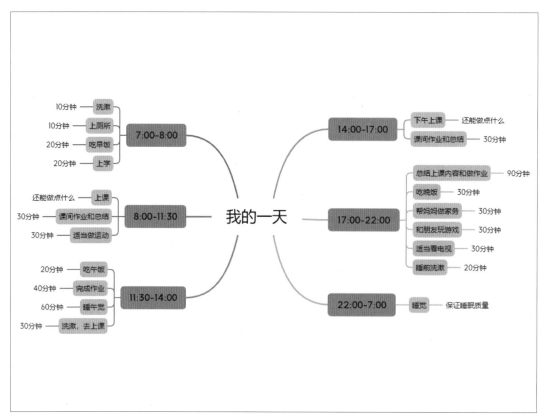

图 6-14

除了可以用颜色区分不同的板块外，还可以为一些需要特别注意的子主题添加"表情"，让子主题更醒目。

第 1 步，选中需要特别标示的子主题，在面板上单击"标记"图标，就会出现很多图例，如图 6-15 所示。

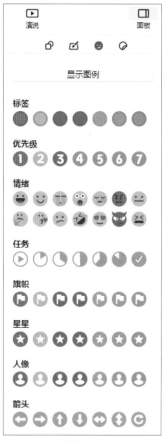

图 6-15

第 2 步，根据不同子主题选择不同的图例即可，比如利用"旗帜"图例将需要重点关注的关键点标记出来，如图 6-16 所示。

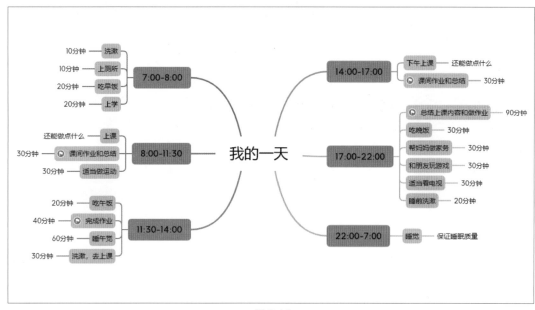

图 6-16

第 3 步，还可以利用"任务"图例标记每项目标的时限，以及完成的程度，如图 6-17 所示。

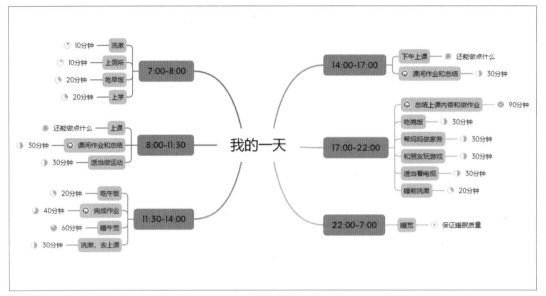

图 6-17

课堂巩固

学完本课内容，是否觉得思维导图能够将内容表达得十分简单明了，是不是觉得自己之前的时间管理不甚合理，从此刻开始，规划一个合理的时间安排，你一定能在期末考试中取得一个好成绩。

首先，试着将每天的时间分为几部分。

其次，在 XMind 中建立初步思维导图。

再次，在思维导图中丰富细节。

最后，在细分部分中思考如何完成任务，需要的时间应该是多少。

课后练习

建议完成时间：15 分钟

试着在 XMind 中完成"我的一周"时间规划，并根据思维导图完成每个小目标。

第 **7** 课　爱护环境，学会垃圾分类

课堂导入

在学校的黑板报上有这样一句话"保护环境，人人有责"，那么我们应该怎样保护环境呢？其实可以从身边的点点滴滴做起，比如做好垃圾分类。可以将垃圾主要分为 4 个类别：有害垃圾、可回收垃圾、厨余垃圾和其他垃圾，然后再细分出具体的东西，如图 7-1 所示。

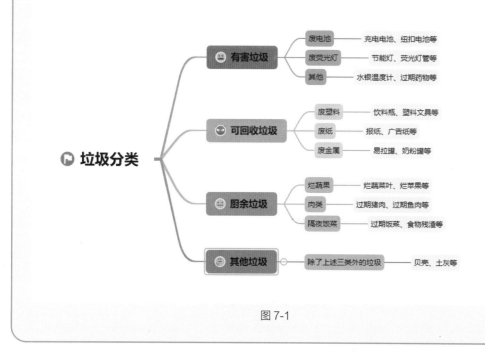

图 7-1

本课重点

● 学会垃圾分类

● 巩固思维导图的绘制方法

建议完成时间

30 分钟

本课内容

难度系数 ★ ★ ★

步骤 **1** 用鼠标左键双击 XMind 软件图标，打开软件，选择思维导图中的"逻辑图"类型，并单击"创建"按钮 创建 ，就得到了初始的思维导图架构，如图 7-2 所示。

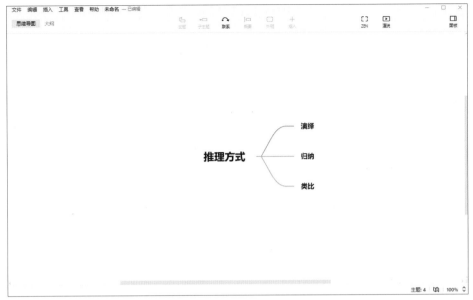

图 7-2

步骤 2 将鼠标指针移至"推理方式"中心主题，并双击鼠标左键选中文字（或者按下键盘上的 Space 键选中文字），然后输入"垃圾分类"，就可以得到想要的中心主题，如图 7-3 所示。

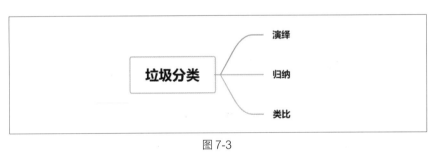

图 7-3

步骤 3 因为将垃圾分为了四个类别，所以需要再添加一个分支主题。用鼠标左键单击中心主题，然后单击"主题"按钮 ⬚ 增加分支主题，接着在分支主题上输入不同垃圾类别的名称，如图 7-4 所示。

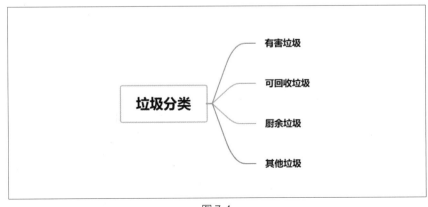

图 7-4

步骤 4 垃圾分类的基础架构已经绘制完成，还需要对四个垃圾类别进行细分。用鼠标左键单击各个分支主题，然后单击"子主题"按钮 ⊡，增加子主题，接着在子主题上输入各垃圾类别细分出的垃圾名称，如图 7-5 所示。

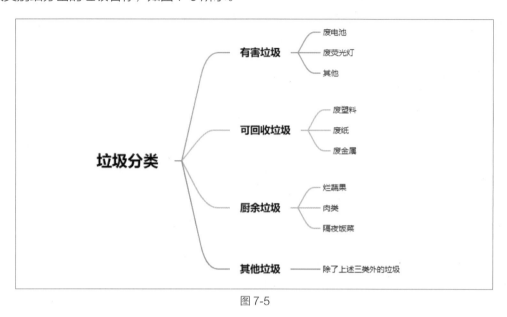

图 7-5

步骤 5 现在的子主题还比较笼统，因此需要进一步细分，继续增加子主题，如图 7-6 所示。

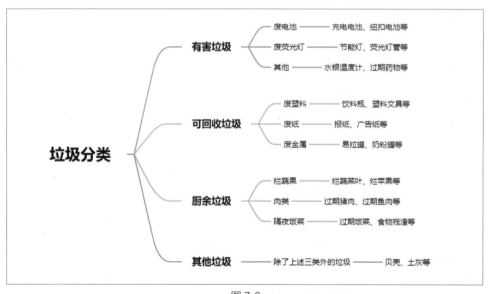

图 7-6

知识拓展

垃圾分类的思维导图基本绘制完成，但还不够美观，因此需要对思维导图进行美化。

第 1 步，美化分支线，体现出层级关系。用鼠标左键单击"面板"按钮 ⊡，然后单击"画布"按钮 ⊡，接着勾选"彩虹分支"和"线条渐细"选项，如图 7-7 所示。

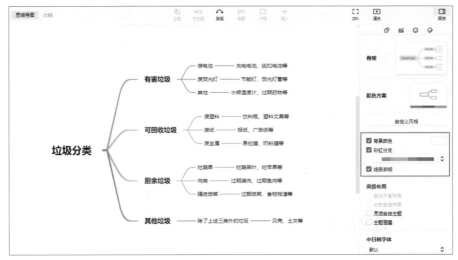

图.7-7

第 2 步，给垃圾类别填充颜色，将它们区分出来。选中需要填充底色的主题，然后用鼠标左键单击"面板"按钮▭，再单击"样式"按钮⊘，接着勾选"填充"选项，如图 7-8 所示。最后单击色块，在弹出的色板中选择适合的颜色，如图 7-9 所示。

图 7-8

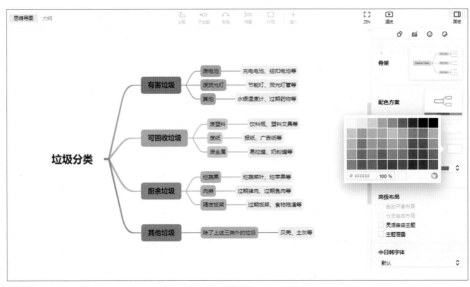

图 7-9

第 3 步，用一些小表情表示四个垃圾类别。用鼠标左键单击"面板"▭按钮，然后单击

"标记" 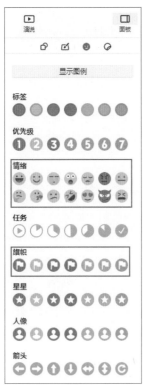 按钮，如图 7-10 所示。最后选中分支主题，再单击小表情，就能在分支主题处加上图标啦，如图 7-11 所示。

图 7-10

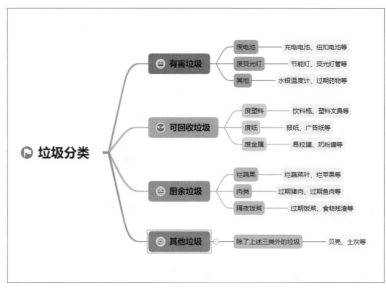

图 7-11

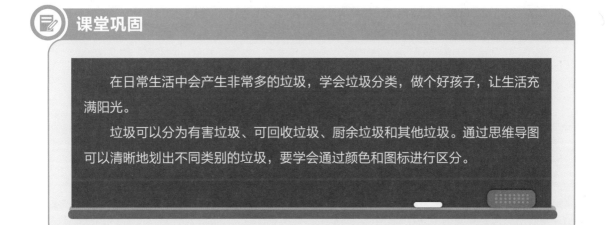

课堂巩固

　　在日常生活中会产生非常多的垃圾，学会垃圾分类，做个好孩子，让生活充满阳光。

　　垃圾可以分为有害垃圾、可回收垃圾、厨余垃圾和其他垃圾。通过思维导图可以清晰地划出不同类别的垃圾，要学会通过颜色和图标进行区分。

课后练习

建议完成时间：10 分钟

　　厨余垃圾中有很多果蔬垃圾，请同学们以"果蔬垃圾"为中心主题，继续延伸，制作一张思维导图。

有趣的人物关系

课堂导入

　　每个同学都有自己的家人，每个家庭都像是一个小班级。可能爷爷是家里的"生活委员"，每天提供可口的饭菜；奶奶负责家务，是实至名归的"劳动委员"；爸爸每天下班后就开始辅导作业，是"学习委员"；妈妈则是一名舞蹈老师，因此她被评为"文娱委员"。

　　除了上面提到的家人外，还有姑姑、伯父、伯母、大舅、舅妈等，这里我们运用思维导图来梳理人物关系，便会很清晰了，如图 8-1 所示。

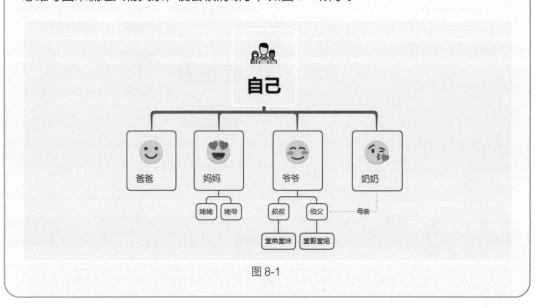

图 8-1

本课重点

- 厘清家人的关系
- 学会用组织结构图制作人物关系思维导图

建议完成时间

30 分钟

本课内容

难度系数 ★ ★ ★

步骤 1 用鼠标左键双击 XMind 软件图标打开软件，然后在下拉框中找到组织结构类型，如图 8-2 所示。接着用鼠标左键单击"创建"按钮 **创建** ，就得到了初始的组织结构思维导图，如图 8-3 所示。

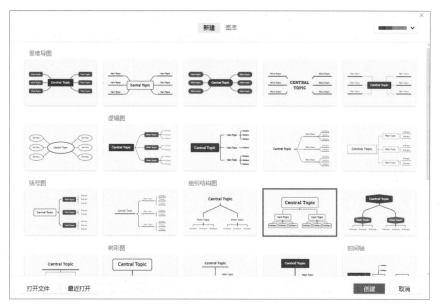

图 8-2

图 8-3

步骤 2 将光标移动至"中心主题",并双击鼠标左键选中文字(或者按键盘上的 Space 键选中文字),然后输入"自己"或者自己的名字,"中心主题"设置完成,如图 8-4 所示。

步骤 3 以我的家庭为例,和我自己有直接关系的有爸爸、妈妈、爷爷、奶奶,因此以自己为中心主题可延伸出四个分支主题。用鼠标左键单击中心主题,然后按下键盘上的 Enter 键增加分支主题,接着选择每个分支主题中的文字,分别修改成爸爸、妈妈、爷爷、奶奶,如图 8-5 所示。

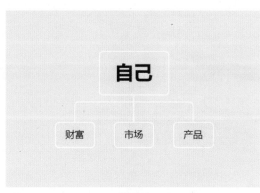

图 8-4

图 8-5

53

步骤 4 妈妈的父母，我们称其为姥姥、姥爷；除了爸爸外，如果爷爷还有其他孩子，男性，我们称其为叔叔、伯父；所以只需要在妈妈、爷爷的分支主题上各延伸出两个子主题即可。用鼠标单击分支主题，然后按下键盘上的 Tab 键增加子主题，接着用鼠标左键双击子主题选中文字，依次输入人物关系，如图 8-6 所示。

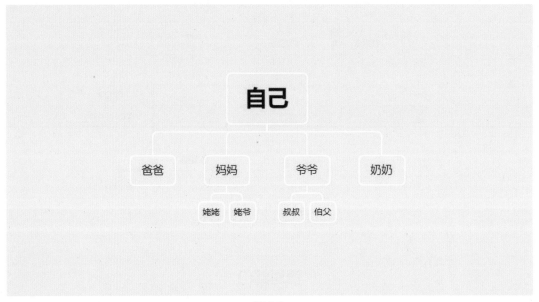

图 8-6

步骤 5 叔叔、伯伯也有自己的孩子，采用同样的方法继续增加子主题，把他们添加上，如图 8-7 所示。

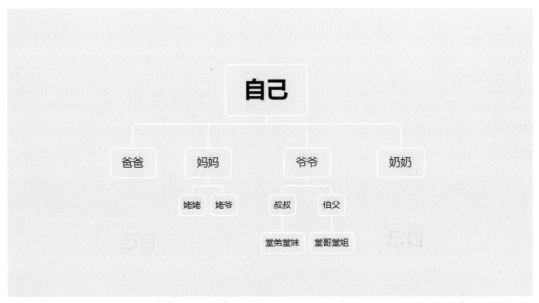

图 8-7

步骤 6 到这里，家人们的关系已经比较清晰了，但是奶奶和伯父、叔叔是母子关系，那么应该怎么将他们联系起来呢？用鼠标左键单击"奶奶"分支主题，然后用鼠标左键单击工具栏的"联系"按钮 ，再单击"伯父"子主题，最后在联系线上输入"母亲"就可以啦，如图 8-8 所示。

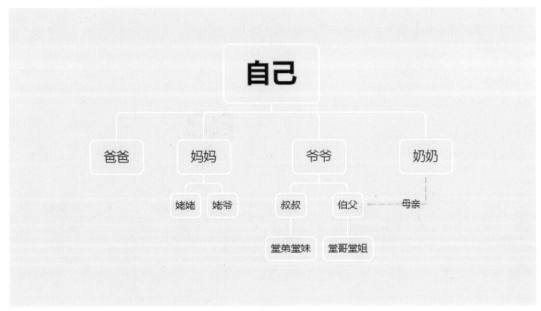

图 8-8

知识拓展

人物关系基本梳理完毕，如果思维导图过长或过宽，在 XMind 中没办法完全查看，应该怎么办呢？

在状态栏中单击"设置画布的缩放比例"按钮 `100%`，然后在弹出的菜单中勾选"150%"选项，如图 8-9 所示。

缩放画布后的效果如图 8-10 所示。

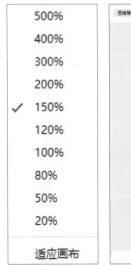

图 8-9

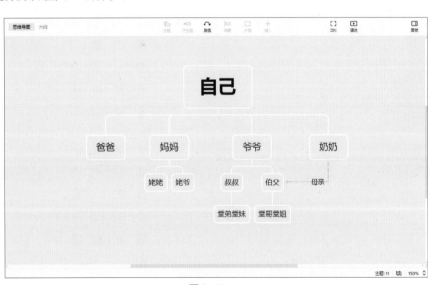

图 8-10

另外，思维导图的线条和底色区分不明显，需要进行调整。选中中心主题，然后依次单击"面板"按钮和"样式"按钮，对线条颜色和线条粗细进行修改，也可以设置彩虹分支，如图 8-11 所示。

修改线条颜色和设置线条渐细后的效果如图 8-12 所示。

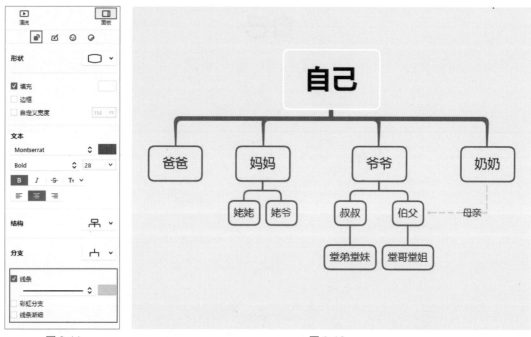

图 8-11   图 8-12

单击"贴纸"按钮，弹出"图例"，如图 8-13 所示。

图 8-13

选中需要丰富样式的中心主题或者子主题，然后选择右边的"图例"添加即可，如图 8-14 所示。

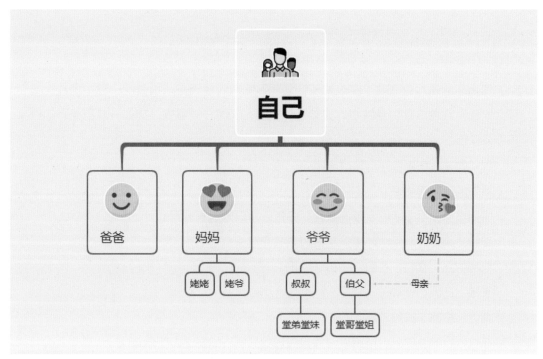

图 8-14

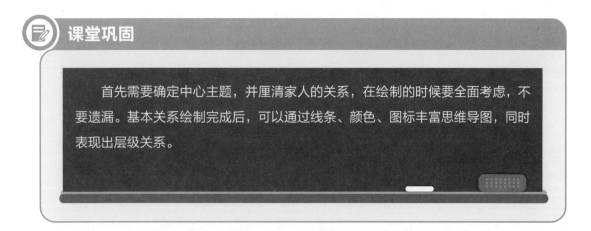

课堂巩固

　　首先需要确定中心主题，并厘清家人的关系，在绘制的时候要全面考虑，不要遗漏。基本关系绘制完成后，可以通过线条、颜色、图标丰富思维导图，同时表现出层级关系。

课后练习

建议完成时间：10 分钟
学会了家庭人物关系思维导图的制作方法，可以试着绘制学校中的人物关系思维导图。

第9课 做好旅游规划

课堂导入

如果寒假去北京旅游，应该如何计划呢？北京的冬天应该很美吧。雪中的故宫是那么宏伟，红墙绿瓦相互映衬，显得格外美丽；长城一眼望去，宛如一条巨龙，连绵不断伸向远方。

我认为去北京旅游应该这样安排。

目的地：首都北京。

主要景点：毛主席纪念堂、故宫、鸟巢、水立方、长城等。

路线：乘坐火车到达北京，然后转乘公交车去旅游景点。

所带物品：食物、衣服、相机、手机。

天数：三天。

其他：拍照、买纪念品。

在这六点的基础上，还可以对每点做详细分解，如图 9-1 所示。

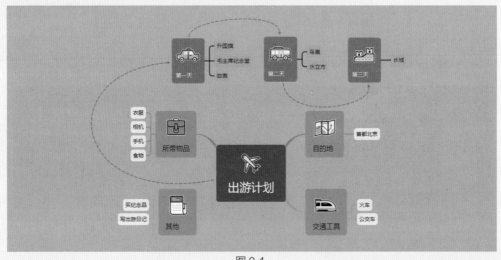

图 9-1

本课重点

- 学会使用思维导图的"联系"功能
- 学会活动思维导图的绘制方法

建议完成时间

30分钟

步骤 1 用鼠标左键双击 XMind 图标打开软件，并选择默认的思维导图，然后单击"创建"按钮 创建 ，如图 9-2 所示。

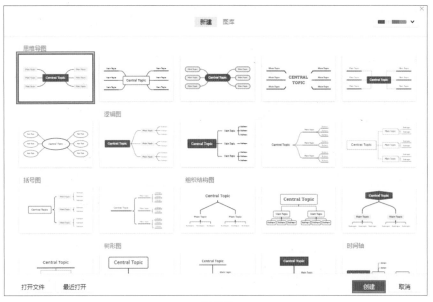

图 9-2

步骤 2 将旅游天数和主要景点设计为自由主题与中心主题联系在一起，因此中心主题的分支主题为四个。新建的初始思维导图只有三个分支主题，需要再增加一个分支主题，用鼠标左键单击中心主题，然后按下键盘上的 Tab 键增加一个分支主题，如图 9-3 所示。

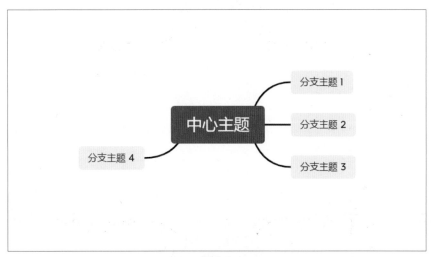

图 9-3

步骤 3 新建的"分支主题 4"和右边的分支主题不对称，这样的思维导图不美观，这里可以用鼠标左键单击"面板"按钮 回 ，在面板默认界面找到"高级布局"功能，并勾选"自动平衡布局"选项就可以平衡分支主题的分布啦，如图 9-4 所示。

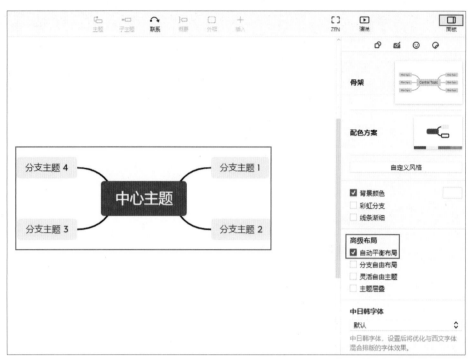

图 9-4

步骤 4 将中心主题的文字修改为"出游计划",然后将分支主题分别修改为"目的地""交通工具""所带物品""其他",如图 9-5 所示。

图 9-5

步骤 5 接下来需要在每个分支主题上创建更多的子主题,并在子主题上规划好需要做的事情,让出游计划更加清晰,如图 9-6 所示。

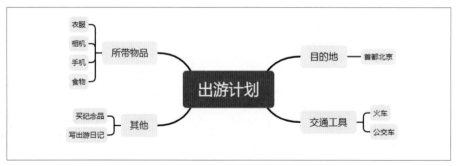

图 9-6

步骤 6 因为出游计划是三天，每天会去不同的景点，所以用"联系"将出游天数和中心主题联系起来。用鼠标左键单击中心主题，再单击工具栏的"联系"按钮，就可以增加自由主题啦，如图 9-7 所示。

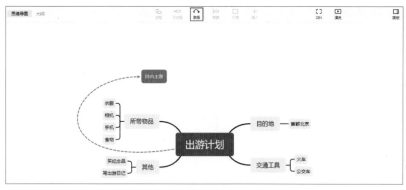

图 9-7

步骤 7 因为出游计划是三天，所以需要增加三个自由主题，并分别在自由主题中输入"第一天""第二天""第三天"，如图 9-8 所示。

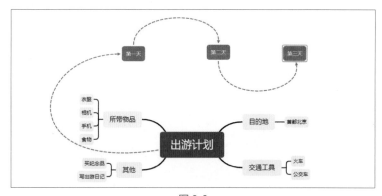

图 9-8

步骤 8 第一天去天安门看升国旗，随后去参观毛主席纪念堂，最后去故宫游玩；第二天去鸟巢和水立方游玩；第三天去爬长城。在自由主题上增加子主题，然后将每天的游玩计划输入其中，如图 9-9 所示。

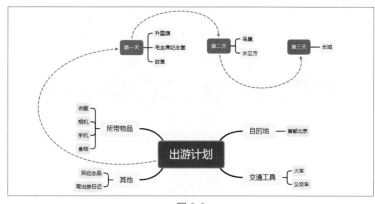

图 9-9

步骤 9 出游计划已经很清晰，但是还不够美观，可以利用面板的功能使思维导图更加漂亮。单击"面板"按钮，选择画布，勾选"彩虹分支"和"线条渐细"选项，并修改背景颜色，如图 9-10 所示。

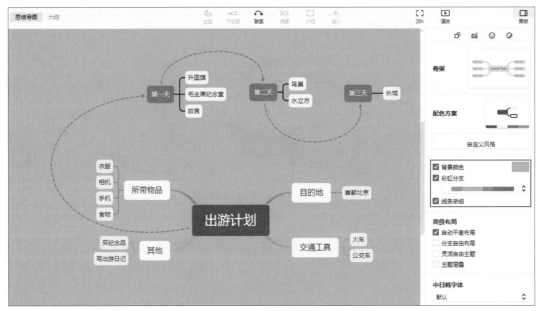

图 9-10

步骤 10 选中需要区分的"子主题"，在面板中单击"画板"按钮，利用颜色对不同板块和层级进行分类，如图 9-11 所示。

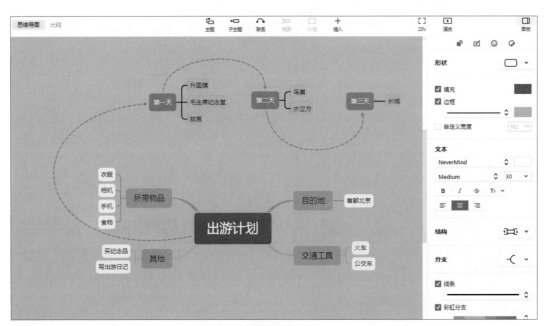

图 9-11

步骤 11 选中需要特别标示的子主题，然后在面板中单击"贴纸"按钮，找到"旅行"图标，如图 9-12 所示。

步骤 12 选中需要添加贴纸的"子主题"，再选择右边的"图例"即可添加，如图9-13所示。

图 9-12

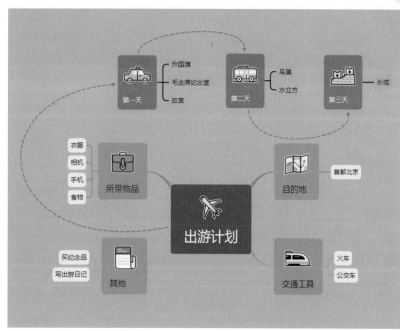

图 9-13

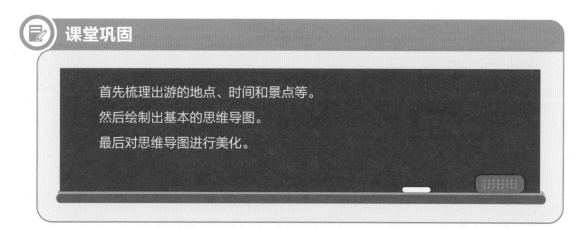

📝 **课堂巩固**

首先梳理出游的地点、时间和景点等。

然后绘制出基本的思维导图。

最后对思维导图进行美化。

课后练习

建议完成时间：10分钟

祖国还有很多风景秀丽的地方，广西桂林有"甲天下"的美称，请绘制一份去桂林出游的思维导图。

第**10**课 学会做好课堂笔记

⟳ 课堂导入

　　想必大家都遇到过这样的问题，喜欢在课本上做笔记，然而课后却没有对课本上的笔记进行整理，这样的笔记有一个缺点——很凌乱，没有逻辑，因此复习时常常会感到迷惑。

　　面对这样的问题你会怎么解决呢？我们可以将笔记制成思维导图，问题就迎刃而解了。

　　以《祖父的园子》这篇文章为例，整理出笔记的思维导图，如图 10-1 所示。

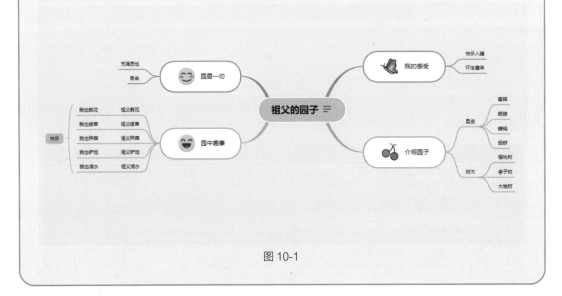

图 10-1

! 本课重点

● 学会如何归纳一篇文章

● 学会使用思维导图做笔记

建议完成时间

30分钟

✂ 本课内容

难度系数 ★ ★ ★

步骤 **1** 新建一个思维导图，在初始界面的右上角选择自己喜欢的配色方案，然后用鼠标左键单击"创建"按钮，如图 10-2 所示。

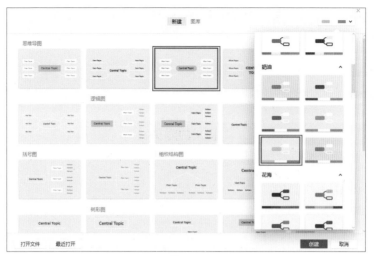

图 10-2

步骤 2 将中心主题的文字修改为"祖父的园子",这篇文章可分为四部分,分别是"我的感受""介绍园子""园中趣事""园里一切"。因此根据实际情况增加分支主题,并在分支主题上分别输入文章的四部分内容,如图 10-3 所示。

图 10-3

技巧提示

图 10-3 中增加的分支主题不对称,可以用鼠标左键单击"面板"按钮□,在面板默认界面中找到"高级布局"选区,并勾选"自动平衡布局"选项,显示效果如图 10-4 所示。

图 10-4

步骤 3 分别选中 4 个分支主题，并按下键盘上的 Tab 键创建更多子主题，合理地把文章的四部分内容细分，如图 10-5 所示。

图 10-5

步骤 4 继续对"园中趣事"和"介绍园子"两部分内容进行细化，在现有的子主题上创建更多的子主题并完善内容，如图 10-6 所示。

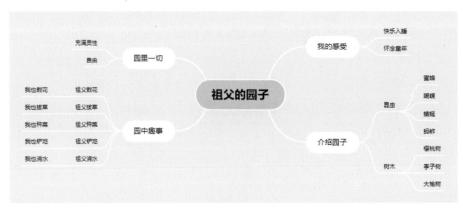

图 10-6

步骤 5 还可以对"园中趣事"做一个简单的总结，分别选中"园中趣事"分支主题，然后在工具栏中单击"概要"按钮，就可以对分支主题做总结了，如图 10-7 所示。

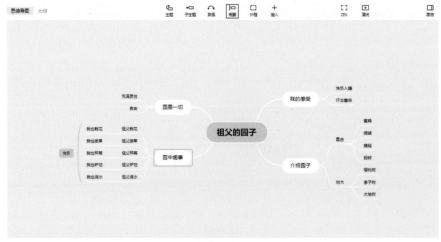

图 10-7

知识拓展

　　思维导图制作完成后，还可以在中心主题上插入笔记，将《祖父的园子》这篇文章输入到笔记中，当想看时打开笔记即可查看。

　　第1步，选中中心主题，在工具栏中单击"插入"按钮 ⊞，然后在弹出的菜单中选择"笔记"，如图10-8所示。

　　第2步，在笔记的文本框中输入《祖父的园子》这篇文章即可，如图10-9所示。

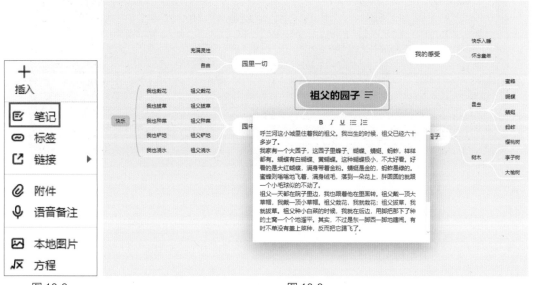

图 10-8　　　　　　　　　　　　　　　　　　　图 10-9

　　第3步，还可以美化思维导图，增加一些小表情。选中需要增加表情的主题，在"面板"⬚中的"贴纸"里选择合适的图标即可，如图10-10所示。

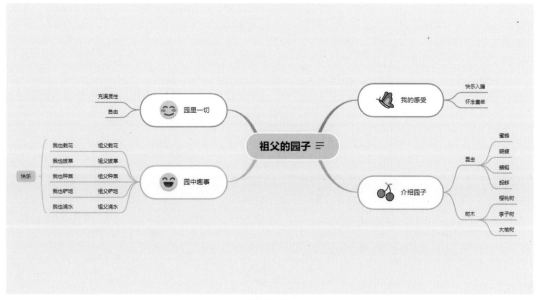

图 10-10

第 **10** 课

学会做好课堂笔记

67

课堂巩固

人们常说"好记性，不如烂笔头"，因此上课做笔记是非常重要的。使用 XMind 做笔记时应注意以下几点。

第 1 点，在思维导图的中心主题输入文章的名字。

第 2 点，分析文章可以分为几部分，再确定要建立几个分支主题。如《祖父的园子》可分为四部分，那么应分为四个分支主题。

第 3 点，在"面板"的"样式"中勾选"自动平衡布局"，让分支主题左右对称，以及在主题中插入"笔记"以便随时查看。

第 4 点，制作思维导图笔记时，经常会用到"概括"功能，学会对主题进行概括总结。

 课后练习

建议完成时间：15 分钟

在 XMind 中给小学四年级课文《爬山虎的脚》做总结笔记。

第**11**课 记录有趣的小实验

课堂导入

　　生活中有很多有趣的小实验，同学们都做过哪些实验呢？"烧不破的气球"就是神奇的实验之一，这个实验可以分为三大部分，分别是实验准备、实验过程、实验结果，我们可以用思维导图来记录实验过程，如图 11-1 所示。

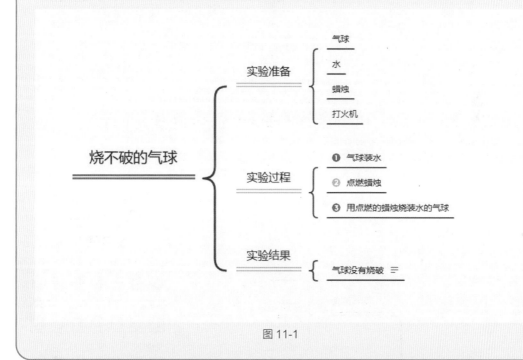

图 11-1

本课重点

● 学会用思维导图来记录实验过程

建议完成时间

30分钟

本课内容

难度系数 ★ ★ ★

步骤 1 用鼠标左键双击 XMind 图标，打开软件，选用"括号图"来制作"烧不破的气球"实验的思维导图，在配色方案中选择自己喜欢的颜色，然后单击"创建"按钮，如图 11-2 所示。

步骤 2 在初始的"括号图"中，将中心主题设置为"烧不破的气球"，分支主题分别是"实验准备""实验过程""实验结果"，如图 11-3 所示。

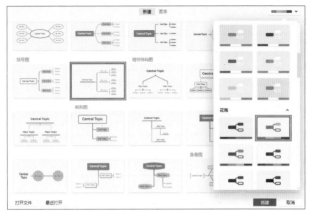

图 11-2

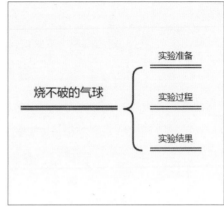

图 11-3

步骤 3 选中分支主题，并增加子主题，然后分别细化三部分的内容，如 11-4 所示。

步骤 4 我们为实验过程标记序号。在工具栏中单击"面板"按钮回，再单击"标记"按钮，找到"优先级"选区，如图 11-5 所示。

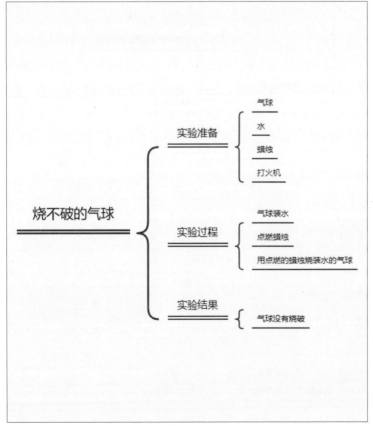

图 11-4

图 11-5

步骤 5 选中需要标记的子主题，为其添加序号，如图 11-6 所示。

步骤 6 实验步骤基本绘制完成，但还是有些单调。我们可以在"面板" 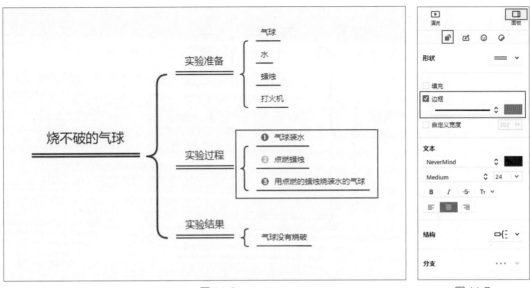 的"样式"中修改主题的边框，如图 11-7 所示。

图 11-6   图 11-7

步骤 7 选中需要调整颜色的主题，在"边框"选项后单击色板按钮，然后从中选择喜欢的颜色，让主次更加鲜明，如图 11-8 所示。

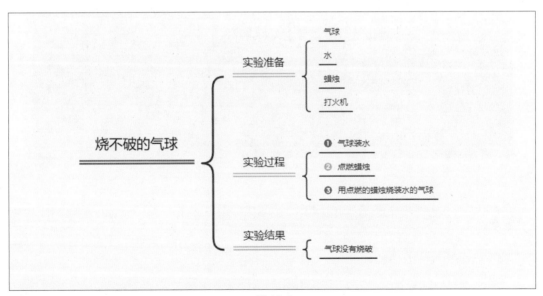

图 11-8

步骤 8 在实验结果上添加"笔记"，解释为什么气球没有烧破。选中子主题，在工具栏中单击"插入"按钮，然后从中选择"笔记"，在文本框中输入气球没有烧破的原因，如图 11-9 所示。

B *I* U ☰ ☷

气球如此坚强，没有烧破，是因为水帮忙吸热。|

图 11-9

71

步骤 9 插入完笔记后的最终效果如图 11-10 所示。

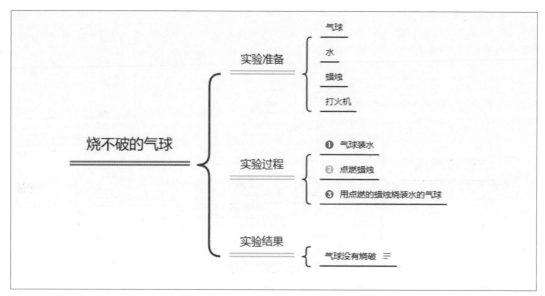

图 11-10

课堂巩固

制作这种实验类思维导图时应该注意以下几点。

第 1 点,绘图时常用的是括号类型结构。

第 2 点,应该对重点步骤进行序号标注。

第 3 点,绘制的时候要注意实验顺序。

课后练习

建议完成时间: 15 分钟

同学们还做过什么有趣的实验呢? 请你给做过的实验绘制一个思维导图吧。

第 **12** 课 一张图看到你的阶段学习成果

课堂导入

　　一个学期结束，无论成绩好坏，都应该对这个学期的学习情况做总结，这样才能全面了解自己的优缺点，并合理利用假期对所学知识进行巩固。

　　下面就用一张思维导图记录一学期的阶段学习成果，如图 12-1 所示。

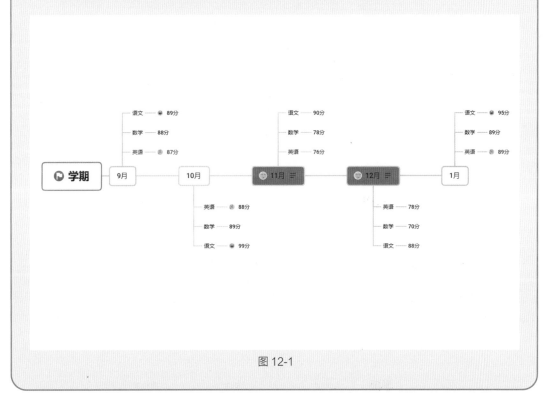

图 12-1

本课重点

- 用思维导图总结一学期的学科成绩
- 在总结中对重点的内容进行标记

建议完成时间
30分钟

本课内容

难度系数 ★ ★ ★

 一个学期的学习成果可以用时间轴表示。打开 XMind 软件，在新建界面中选择"时间轴"结构，如图 12-2 所示。

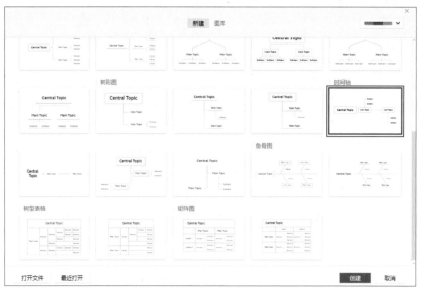

图 12-2

步骤 2 单击"创建"按钮，得到初始的思维导图架构，如图 12-3 所示。

图 12-3

步骤 3 在中心主题输入"学期"，同学们也可以根据自己的实际情况设计中心主题，如图 12-4 所示。

图 12-4

步骤 4 一般学校上学期的学习时间是 5 个月，因此在时间轴上需要五个分支主题。选中"中心主题"，按下键盘上的 Tab 键增加分支主题，并在分支主题上输入学习的月份，如图 12-5 所示。

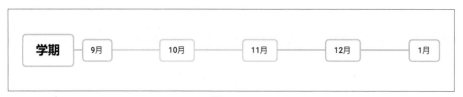

图 12-5

步骤 5 每个月都有月考，每次考试分为三科目，分别为语文、数学、英语。选中分支主题，按下键盘上的 Tab 键增加 3 个子主题，并在子主题上输入"语文""数学""英语"，如图 12-6 所示。

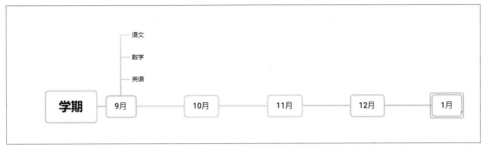

图 12-6

步骤 6 在每个学科的后面增加子主题，并输入月考成绩，如图 12-7 所示。

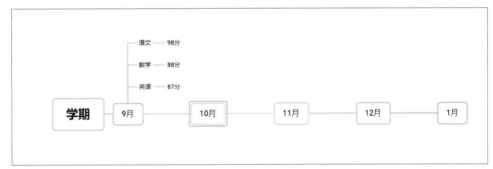

图 12-7

步骤 7 采用同样的方法完成其他月份的成绩输入，如图 12-8 所示。

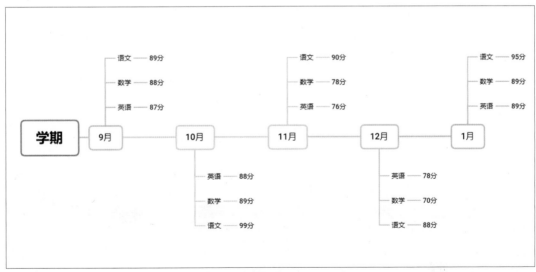

图 12-8

步骤 8 通过思维导图发现 11 月和 12 月的成绩有明显的下降，1 月份的期末考试成绩又有明显提升，是什么原因造成绩下降和成绩提升的呢？可以在分支主题上插入"笔记"进行总结，如图 12-9 和图 12-10 所示。

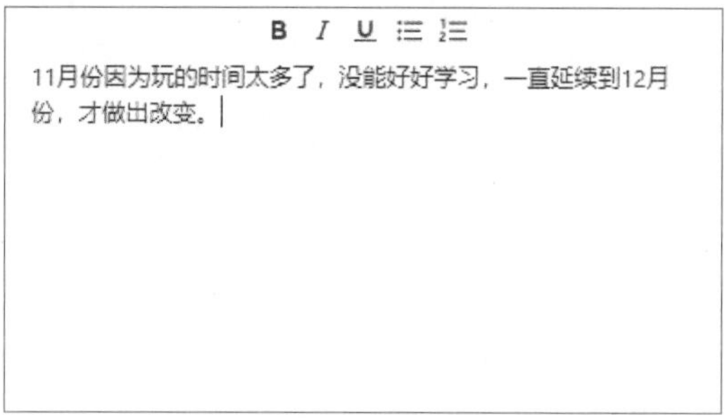

B *I* U ☰ ☷
11月份因为玩的时间太多了，没能好好学习，一直延续到12月份，才做出改变。

图 12-9

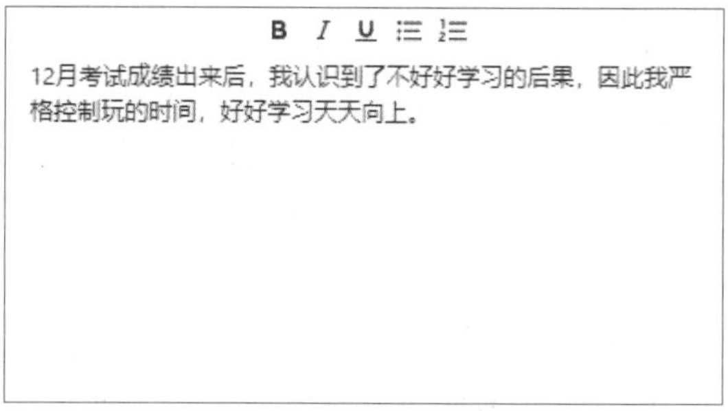

B *I* U ☰ ☷
12月考试成绩出来后，我认识到了不好好学习的后果，因此我严格控制玩的时间，好好学习天天向上。

图 12-10

步骤 **9** 插入笔记后的效果如图 12-11 所示。

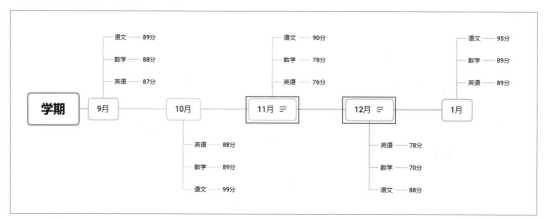

图 12-11

步骤 **10** 一学期的阶段学习成果已经清晰可见，为了警醒自己，可以给成绩下降的月份加深颜色，以作警示。选中成绩下降的月份，在工具栏中单击"面板"按钮，然后在"样式"中勾选"填充"选项，如图 12-12 所示。

步骤 **11** 给子主题填充鲜艳的颜色，如图 12-13 所示。

图 12-12

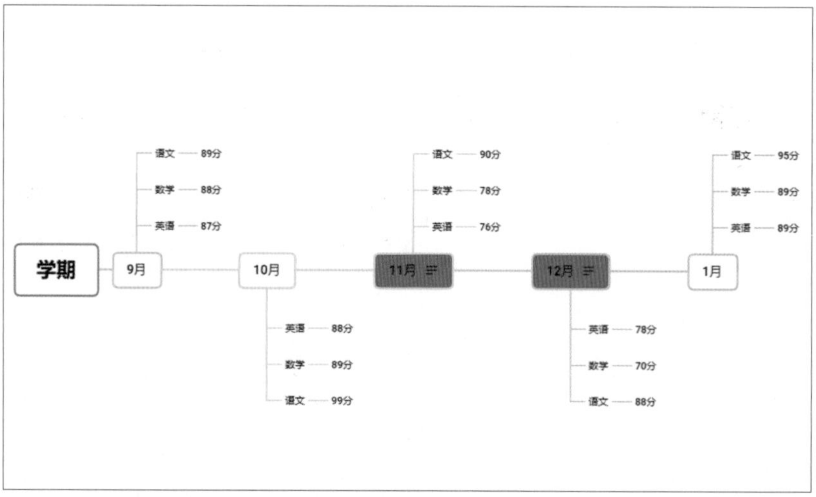

图 12-13

步骤 12 还可以给成绩优秀的科目和成绩差的月份加上小表情，如图 12-14 所示。

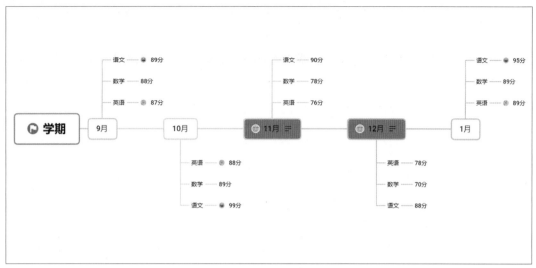

图 12-14

 **课堂巩固**

制作含有时间线的思维导图时应该注意以下几点。

第 1 点，制作含有时间线的思维导图时最适合使用"时间轴"结构。

第 2 点，中心主题是总的时间段，每个分支主题则是时间点，最好是从左到右依次推进。

第 3 点，子主题则是记录时间点上发生的事情。

第 4 点，学会在分支主题上插入笔记，对这个时间点发生的事情做一个详细描述。

▶ **课后练习**

建议完成时间：10 分钟

你的阶段学习成果是怎么样的呢？请你做一张阶段学习成果思维导图。

课堂导入

相信很多同学常常会因为作文得不到高分而懊恼，其实出现这样的问题往往是在写作文之前，没有整体规划写作思路，动笔后想到哪里就写到哪里，总的来说是思维模式不正确。

那么怎么样的思维模式能写出好文章呢？我们可以通过思维导图对作文的写作思路进行梳理，如图 13-1 所示。

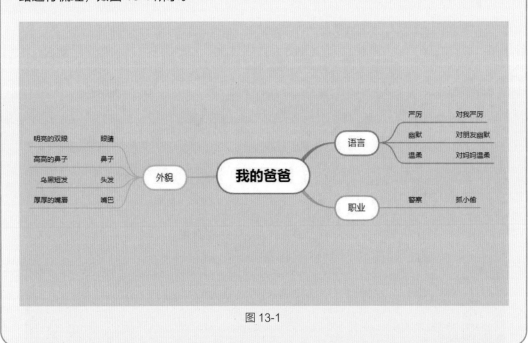

图 13-1

本课重点

- 学会使用思维导图梳理写作思路
- 学会总结"写人作文"的要点

建议完成时间
30分钟

本课内容

难度系数 ★ ★ ★

步骤 1 打开 XMind 软件，并找到自己喜欢的思维导图结构，新建一个思维导图，如图 13-2 所示。

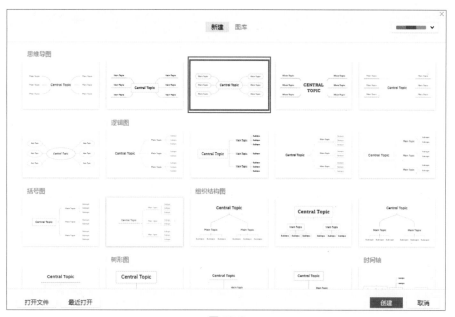

图 13-2

步骤 2 写人物的作文可以通过人物的外貌、语言、职业三个方面进行写作。在中心主题输入"我的爸爸",然后将"外貌""语言""职业"输入到思维导图的分支主题中,如图 13-3 所示。

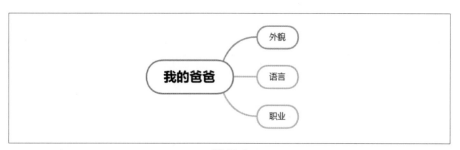

图 13-3

步骤 3 可以写爸爸哪些外貌呢?在这里,我们可以从人物的眼睛、鼻子、头发、嘴巴去描述爸爸的外貌。在"外貌"的分支主题上进一步延伸,选中分支主题,添加合适的子主题,并输入"眼睛""鼻子""头发""嘴巴",如图 13-4 所示。

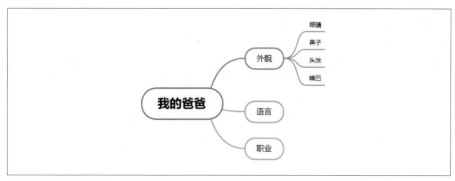

图 13-4

步骤 4 在剩下的分支主题上添加子主题，然后在子主题中输入爸爸的语言特点和职业，如图 13-5 所示。

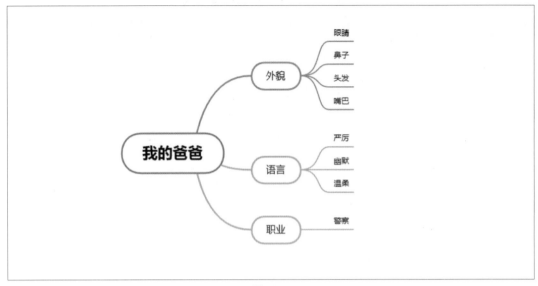

图 13-5

步骤 5 这时已经有了一个基础架构，但是我的爸爸还不够形象，因此我们在子主题上继续延伸，增加对各个分支主题的描述，如图 13-6 所示。

步骤 6 当思维导图做到这里时，分支主题之间不平衡，怎么办呢？可以打开"面板"，在"画布"中找到"高级布局"选区，并勾选"分支自由布局"选项，调整分支主题，如图 13-7 所示。

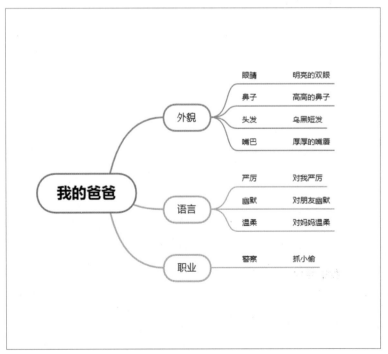

图 13-6

图 13-7

步骤 7 单击分支主题并拖曳分支主题到合适的位置，如图 13-8 所示。

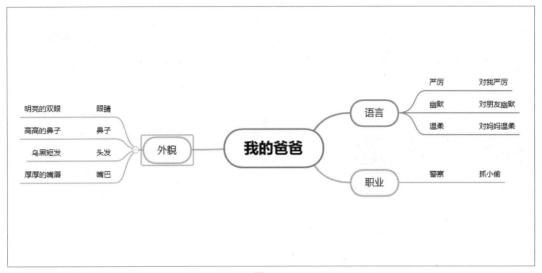

图 13-8

步骤 8 为了美化和增加思维导图的层次感，可以在"面板"中修改背景颜色和线条粗细。在工具栏中单击"面板"按钮，在"画布"中勾选"背景颜色"和"线条渐细"选项，如图 13-9 所示。

图 13-9

步骤 9 如果不喜欢默认的背景颜色，还可以自定义颜色，然后单击"确定"按钮就可以修改成自己喜欢的背景颜色啦，如图 13-10 所示。

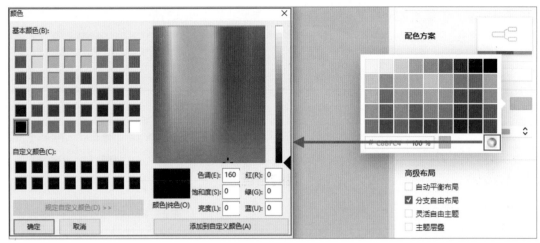

图 13-10

步骤 10 修改后的思维导图如图 13-11 所示。

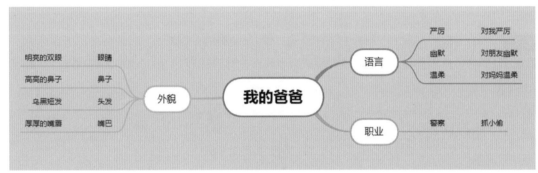

图 13-11

课堂巩固

　　对于内容比较多的思维导图，可以勾选高级布局中的"分支自由布局"选项进行调整。

　　对于不喜欢的颜色，可以通过自定义背景颜色的方法调整。

课后练习

建议完成时间：10 分钟

　　本课学习了"写人作文"思维导图的制作方法，那么写景的作文该如何做思维导图呢，同学们可以认真总结，制作一张写景作文的思维导图。

第14课 养成良好的生活习惯

课堂导入

在我们成长的过程中，老师不仅教会了我们很多课本知识，还教会了我们如何做一个好孩子，养成良好的生活习惯。我认为良好的生活习惯包括行为、学习、健康、交友、生活几部分，下面我们将这些习惯整理成思维导图，如图 14-1 所示。

良好生活习惯

行为	学习	生活	交友	健康
主动问好 — 老人 / 客人	作业 — 按时完成 / 检查	每晚准备 — 学习用品	友好 — 不打架 / 不骂人	刷牙 — 早 / 晚
不乱扔 — 果皮 / 废纸		作息 — 早睡 / 早起	乐于帮助 — 同学 / 他人	洗手 — 饭前 / 饭后
肃立 — 升国旗 / 奏国歌	读书写字 — 姿势正确	爱护珍惜 — 书本 / 文具	警惕 — 陌生人	零食 — 少吃
公共场合 — 不喧哗	阅读 — 拼音故事	放学 — 按时回家 / 自理 — 穿衣服 / 系鞋带	他人帮助 — 主动 / 谢谢	做操 — 广播体操 / 眼保健操

图 14-1

本课重点

- 学会使用 XMind 制作生活习惯的思维导图
- 学会在 XMind 中切换思维导图结构

建议完成时间

30分钟

本课内容

难度系数 ★ ★ ★

步骤 1 打开 XMind 软件，新建一个自己喜欢的思维导图，如图 14-2 所示。

步骤 2 需要增加两个分支主题，如图 14-3 所示。

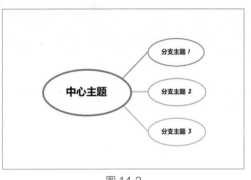

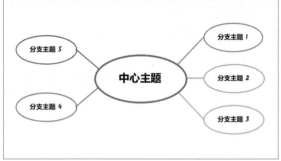

图 14-2

图 14-3

步骤 3 在"面板"中的"画布"下勾选"分支自由布局"选项，然后选中分支主题以修改布局，如图 14-4 所示。

步骤 4 在中心主题和分支主题中输入内容，如图 14-5 所示。

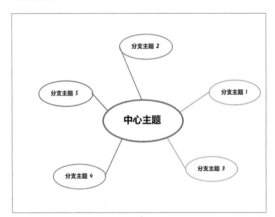

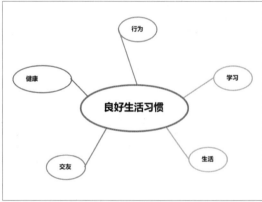

图 14-4

图 14-5

步骤 5 此时已经有了一个基础的生活习惯的导图结构，但是还不够详细，需要在分支主题下继续延伸增加子主题，完善我们的生活习惯，如图 14-6 所示。

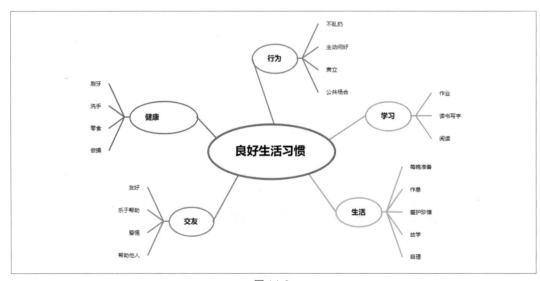

图 14-6

步骤 6 继续在子主题上延伸，完善生活习惯的内容，如图 14-7 所示。

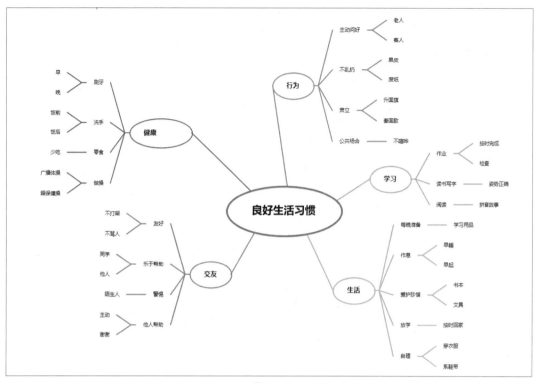

图 14-7

步骤 7 到此，一个完整的生活习惯思维导图就完成啦，但是这个生活习惯思维导图看起来有些奇怪，因此需要对结构进行调整，让它更加美观。由于分支主题和子主题较多，看起来比较凌乱，可以放弃原来的结构，重新选择思维导图结构，在工具栏中单击"面板"按钮，然后在"样式"下找到"结构"，可以重新选择思维导图结构，如图 14-8 所示。

图 14-8

步骤 **8** 重新选择了"矩阵（列）"结构后，效果如图 14-9 所示。

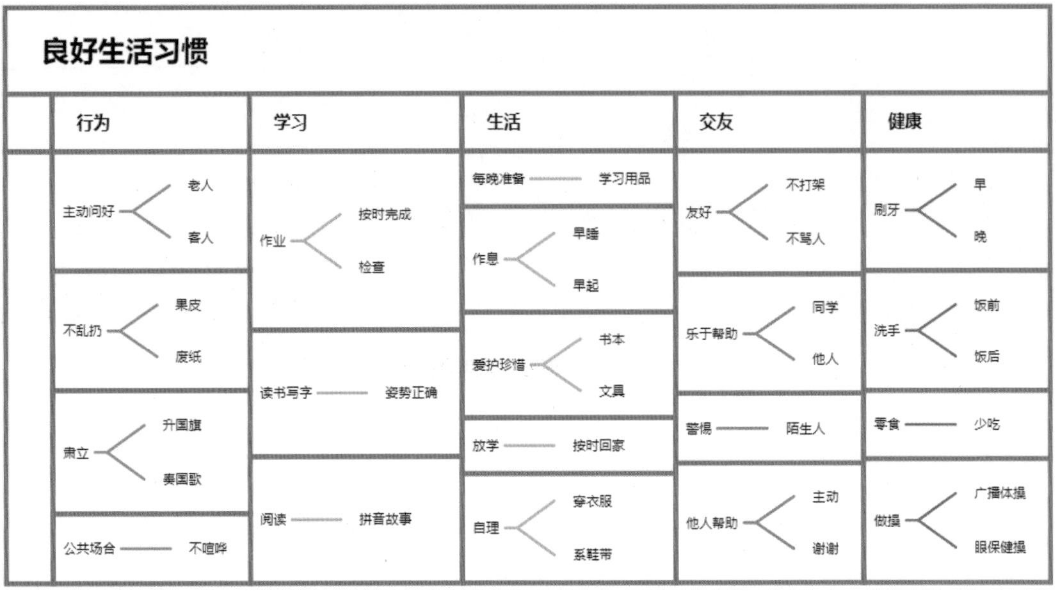

图 14-9

步骤 **9** 在"面板"下的"贴纸"中给思维导图添加一些小表情，如图 14-10 所示。

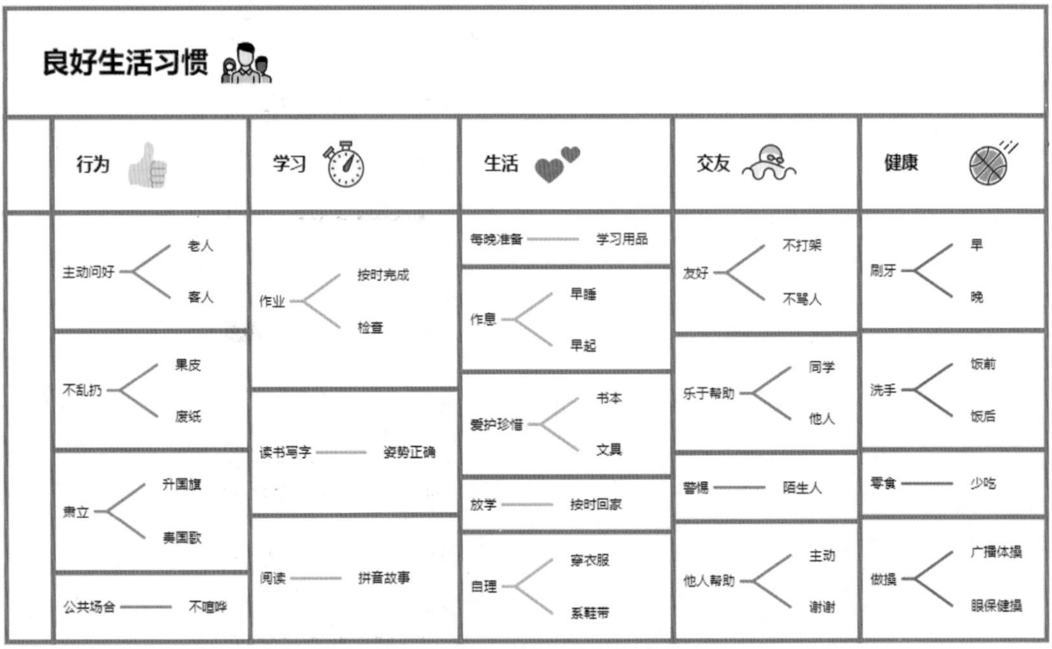

图 14-10

步骤 **10** 给中心主题和子主题添加背景颜色，增加层次感，如图 14-11 所示。

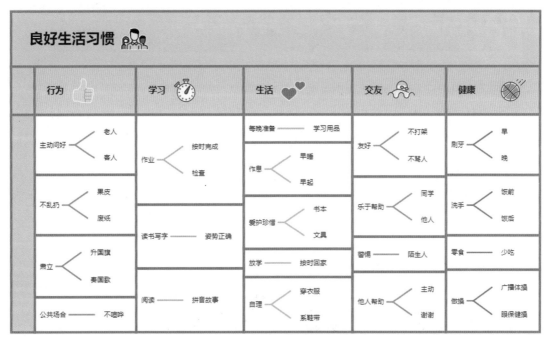

图 14-11

 课堂巩固

如果对思维导图的结构不满意，可以在"面板"的"样式"中重新选择结构类型。

制作的生活习惯矩阵结构思维导图，第一行属于中心主题，第二行属于分支主题，第三行属于子主题。

可以在"面板"的"贴纸"中给每个分支主题中添加小图片，增加视觉冲击力。

课后练习

建议完成时间：10 分钟

良好的生活习惯可以让同学们成为一个优秀的孩子，坏的生活习惯则会阻碍同学们的成长，请同学们总结出生活中的坏习惯，并制作成思维导图。

第15课 总结数学运算规则

课堂导入

　　加法、减法、乘法、除法，统称为四则运算，是小学必须掌握的数学知识，也是学习其他知识的基础。四则混合运算有很多技巧和规律，对这些知识进行归纳、总结和梳理可以提高学习效率，达到事半功倍的效果。下面我们就一起运用思维导图对这些知识进行整理，如图 15-1 所示。

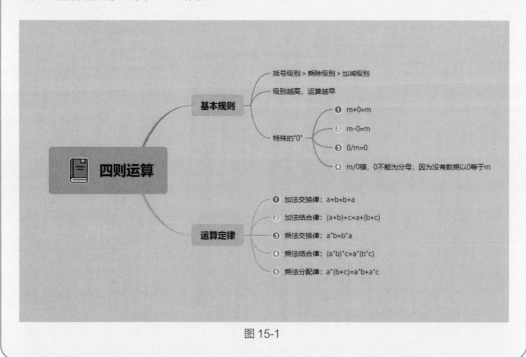

图 15-1

本课重点

- 记住四则运算的基本规则和运算定律，学会运用四则运算算数

建议完成时间

30分钟

- 学会在思维导图中分类四则运算和总结四则运算

本课内容

难度系数 ★ ★ ★

 打开 XMind 软件，然后选择"逻辑图"，接着单击"创建"按钮，如图 15-2 所示。

步骤 2 在中心主题和分支主题输入四则运算的知识点，四则运算可归类为基本规则、运算定律，并删除多余的分支主题，如图 15-3 所示。

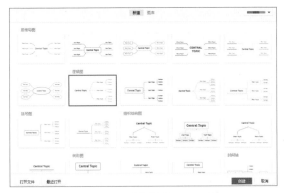

图 15-2

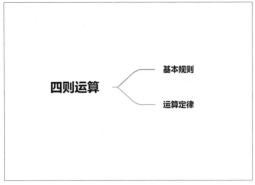

图 15-3

步骤 3 那么基本规则都有哪些呢？在基础规则分支主题上增加子主题，输入基本规则的知识点，如图 15-4 所示。

步骤 4 在 0 的子主题上继续延伸，增加子主题，并输入内容，如图 15-5 所示。

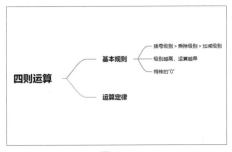

图 15-4

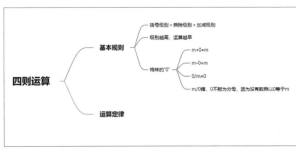

图 15-5

步骤 5 选中"运算定律"分支主题，增加合适的子主题，并在上面输入公式，如图 15-6 所示。

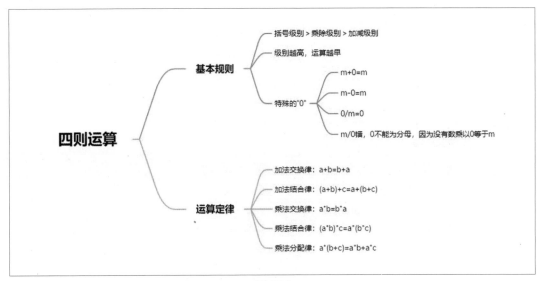

图 15-6

步骤 6 发现做好的思维导图，分支主题不太美观，可以通过"面板"修改样式。选中"四则运算"中心主题，在工具栏单击"面板"按钮，然后在"样式"中修改思维导图的"结构"和"分支"，如图 15-7 所示。

图 15-7

步骤 7 修改后的思维导图，如图 15-8 所示。

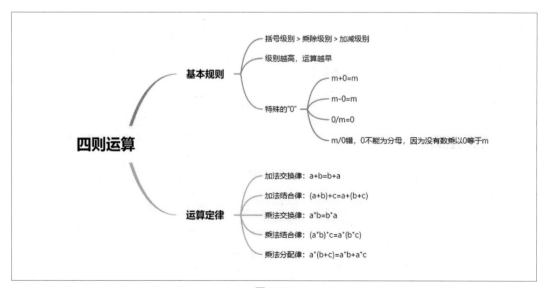

图 15-8

步骤 8 根据前面所学的知识，通过"面板"功能继续合理美化思维导图，完成后的效果如图 15-9 所示。

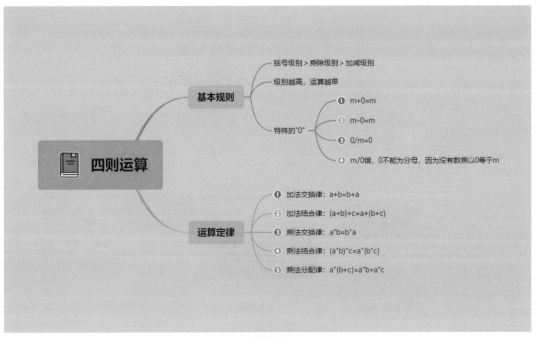

图 15-9

 **课堂巩固**

　　四则运算是小学必须掌握的数学知识，看完制作的思维导图是不是对四则运算豁然开朗。

　　第 1 点，用最简洁的语言总结数学主题，并在思维导图中设置为中心主题。

　　第 2 点，"四则运算"思维导图只有两个分支主题，注意删除多余的分支主题。

　　第 3 点，增加子主题，把基本规则、运算定律和案例解释清楚。

　　第 4 点，给运算定律标上序号，更加清晰地突出四则运算有几种运算定律。

课后练习

建议完成时间：10 分钟

小学会学到很多公式，请同学们总结图形的计算公式，并制成思维导图。

第16课 总结语文的学习知识点

课堂导入

语文复习中，需要记忆的知识点比较繁杂，不仅需要明白字、词、句子的意思，而且还需要理解文章的含义，把这些内容归类制成思维导图后，可以有效地记忆这些知识点，如图 16-1 所示。

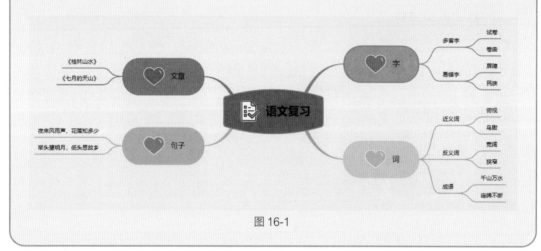

图 16-1

本课重点

- 学会使用思维导图分类总结语文重点知识
- 学会修改主题的形状

建议完成时间

30分钟

本课内容

难度系数 ★ ★ ★

步骤 1 打开 XMind 软件并新建一个思维导图，然后在中心主题输入"语文复习"，在分支主题输入"字""词""句子""文章"，如图 16-2 所示。

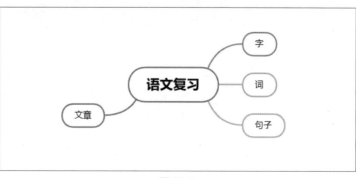

图 16-2

步骤 2 此时思维导图不对称，有些奇怪。选中中心主题，在"面板"的"画布"中勾选"自动平衡布局"选项，效果如图 16-3 所示。

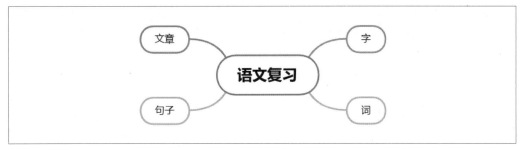

图 16-3

步骤 3 以四年级下册的课文为例，字方面要学会认读多音字和辨别易错字，词方面需要学习近义词、反义词、成语，句子方面会学习"夜来风雨声，花落知多少""举头望明月，低头思故乡"等，学习的课文有《桂林山水》《七月的天山》等。选中分支主题，并增加子主题，然后输入知识点，如图 16-4 所示。

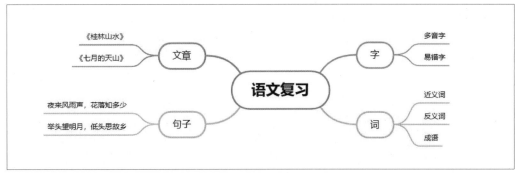

图 16-4

步骤 4 已经归类了字、词、句子、文章等方面需要学习的知识点，但是还需要给出示例。选中子主题，继续延伸增加合适的子主题，以举例的方式来丰富知识，如图 16-5 所示。

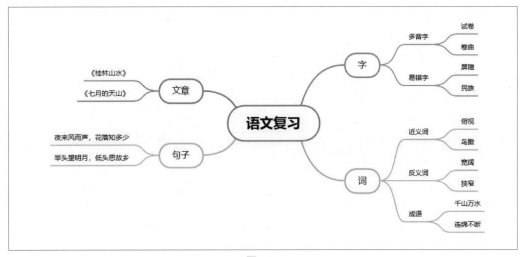

图 16-5

提示

　　是不是感觉很简单，其实同学们还可以继续给子主题增加例子，剩下的就是将思维导图的层次感表现出来，并按自己的喜好适当修改思维导图的样式。

步骤 5 选中"语文复习"中心主题，在工具栏中单击"面板"按钮，并在"样式"中修改中心主题的形状，然后勾选"线条渐细"选项，如图 16-6 所示。

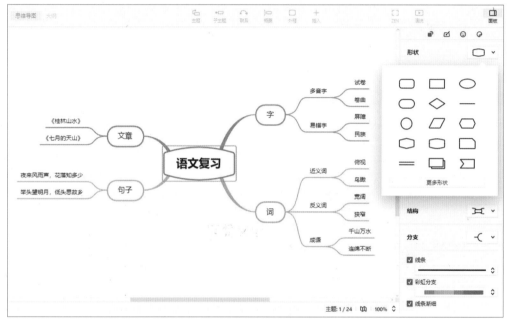

图 16-6

步骤 6 选中分支主题，填充和线条类似的颜色，并和中心主题区分开来，突出层次感，如图 16-7 所示。

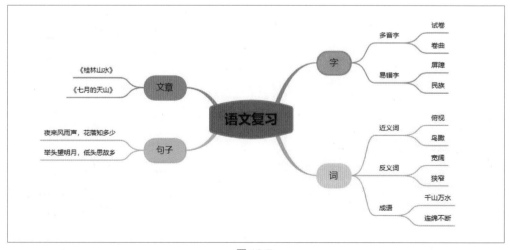

图 16-7

步骤 7 增加底色和添加一些小图案，让这张思维导图显得更加生动吧，如图 16-8 所示。

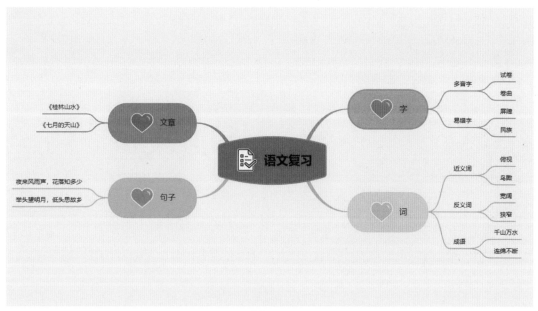

图 16-8

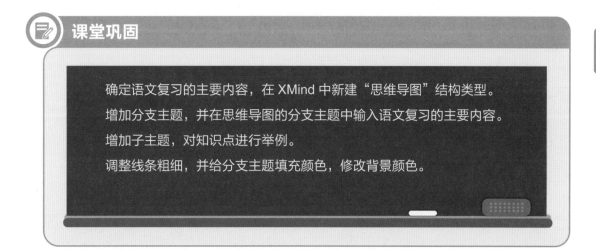

确定语文复习的主要内容，在 XMind 中新建"思维导图"结构类型。
增加分支主题，并在思维导图的分支主题中输入语文复习的主要内容。
增加子主题，对知识点进行举例。
调整线条粗细，并给分支主题填充颜色，修改背景颜色。

📷 **课后练习**

建议完成时间：15 分钟

在语文中还会学习很多古诗词，那么应该如何总结古诗词呢，请同学们制作一张关于古诗词的思维导图。